# 人と植物の文化史

## ―くらしの植物苑がみせるもの―

国立歴史民俗博物館・青木隆浩 編

古今書院

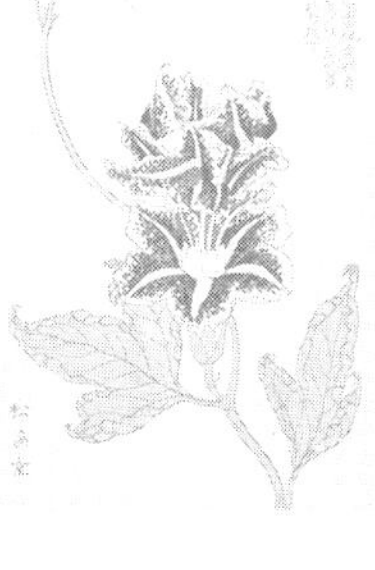

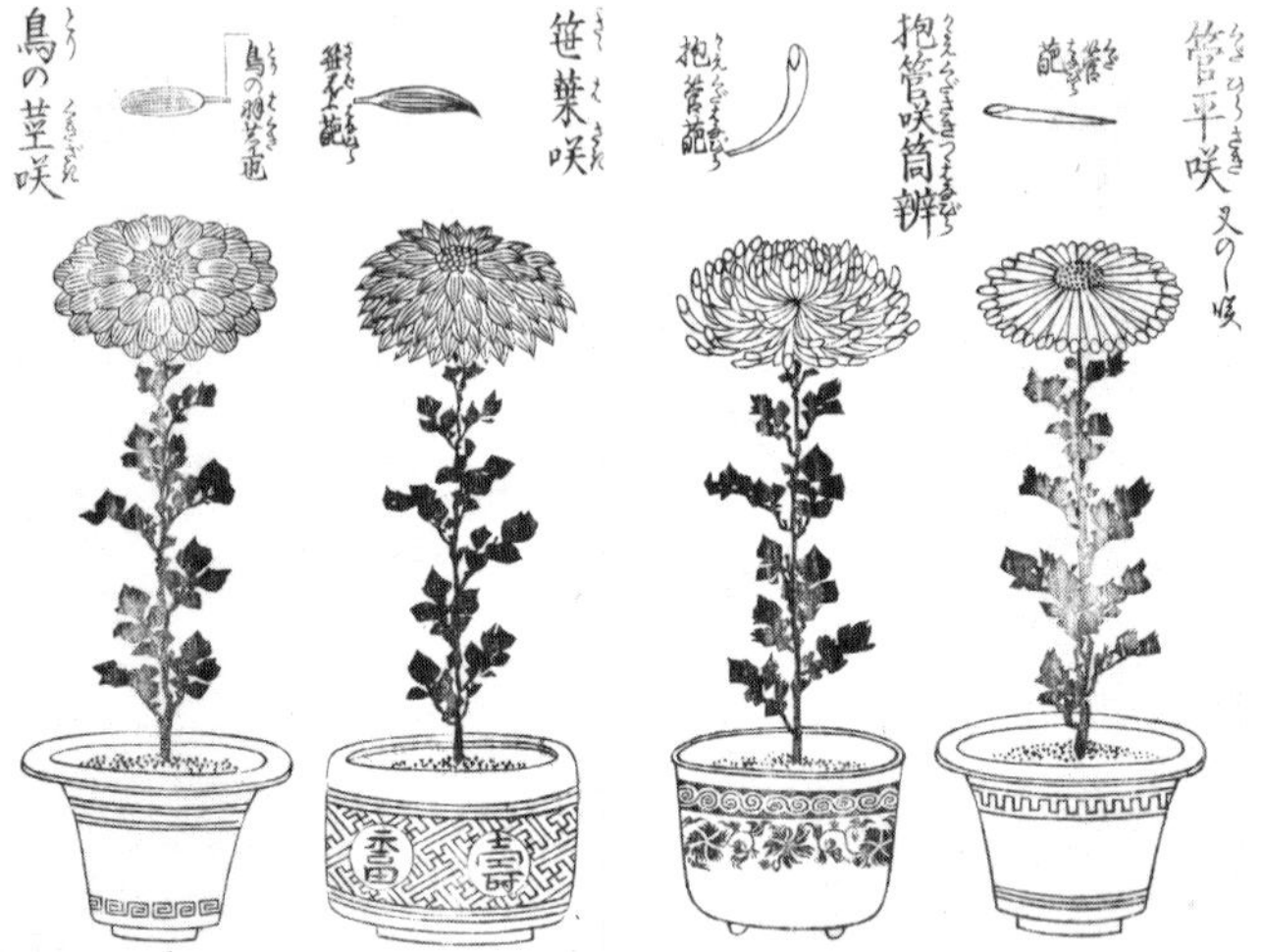


# Cultural History of Relations between People and Plants

: Expressing in The Botanical Garden of Everyday Life

Edited by National Museum of Japanese history
and Takahiro AOKI

Kokon-Shoin Publisher, Tokyo, 2017

第97回歴博フォーラム

# 「人と植物の文化史―くらしの植物苑がみせるもの―」の開催趣旨

青木　隆浩

くらしの植物苑は、１９９５年９月14日に開苑し、今年度で20周年を迎えました。もともと、当苑は本館の総合展示とのかかわりが重視され、生活の基盤となる植物のさまざまな素材を野外展示することを意図して、設立が計画されました。本格的な設立計画を始めたのは、本館が設立された１９８１年のちょうど10年後にあたる１９９１年２月のことです。計画当初は、生活文化の素材資料を展示することから、「素材植物園」という仮称を使っていました。

そして、古くから食生活、衣生活、生活技術に利用してきた植物を選定するため、その根拠として藤原時平ほか『延喜式《えんぎしき》』（９０５〈延喜５〉～９２７〈延長５〉年）、深江輔仁《すけひと》『本草《ほんぞう》和名《わみょう》』（９１８〈延喜18〉年頃）、伊藤伊兵衛『花壇地錦抄《かだんじきんしょう》』（１６９５〈元禄８〉年）、貝原益軒『花譜《かふ》・菜譜《さいふ》』（１６９８〈元禄11〉年）、貝原益軒『大和本草《やまとほんぞう》』（１７０９〈宝永６〉年）、寺島良《りょう》安《あん》『和漢三才図会《わかんさんさいずえ》』（１７１３〈正徳３〉年）、小野蘭山《らんざん》『本草綱目啓蒙《ほんぞうこうもくけいもう》』（１８０３〈享和３〉年）、飯沼慾齋『草木図説』（１８６２〈文久２〉年）といった数多くの文献史料を参照しました。そこで選定された植物は、用途別に「食べる」、「治す」、「染める」、「道具をつくる」、「塗る・

燃やす」、「織る・漉く」の6つのテーマに区分され、各ゾーンに植栽されました（図1）。こうしてできあがったのが、現在の常設展示です。

しかし、開苑まもなくは、植物の数が少なく、成長が不十分なうえ、宣伝不足が加わって、来苑者数の少ない時期が続きました。そこで、多様な植物を育成・展示するために、１９９６年にビニールハウスを設置し、１９９７年に湿性・水生植物のコーナーを設けました。その翌年の１９９８年からは、現在まで継続している「くらしの植物苑観察会」を開始するとともに、「くらしの植物苑だより」を刊行、ホームページ「今週のみどころ」（後に「今週のみごろ」へと改称）を開設することで、当苑の最新情報を発信できるようになりました。

そのような試行錯誤のなかで、大きな節目となったのが、１９９９年に開催した「伝統の朝顔」展です（写真1）。この展示は、夏の目玉になる企画として発案されたもので、九州大学の仁田坂

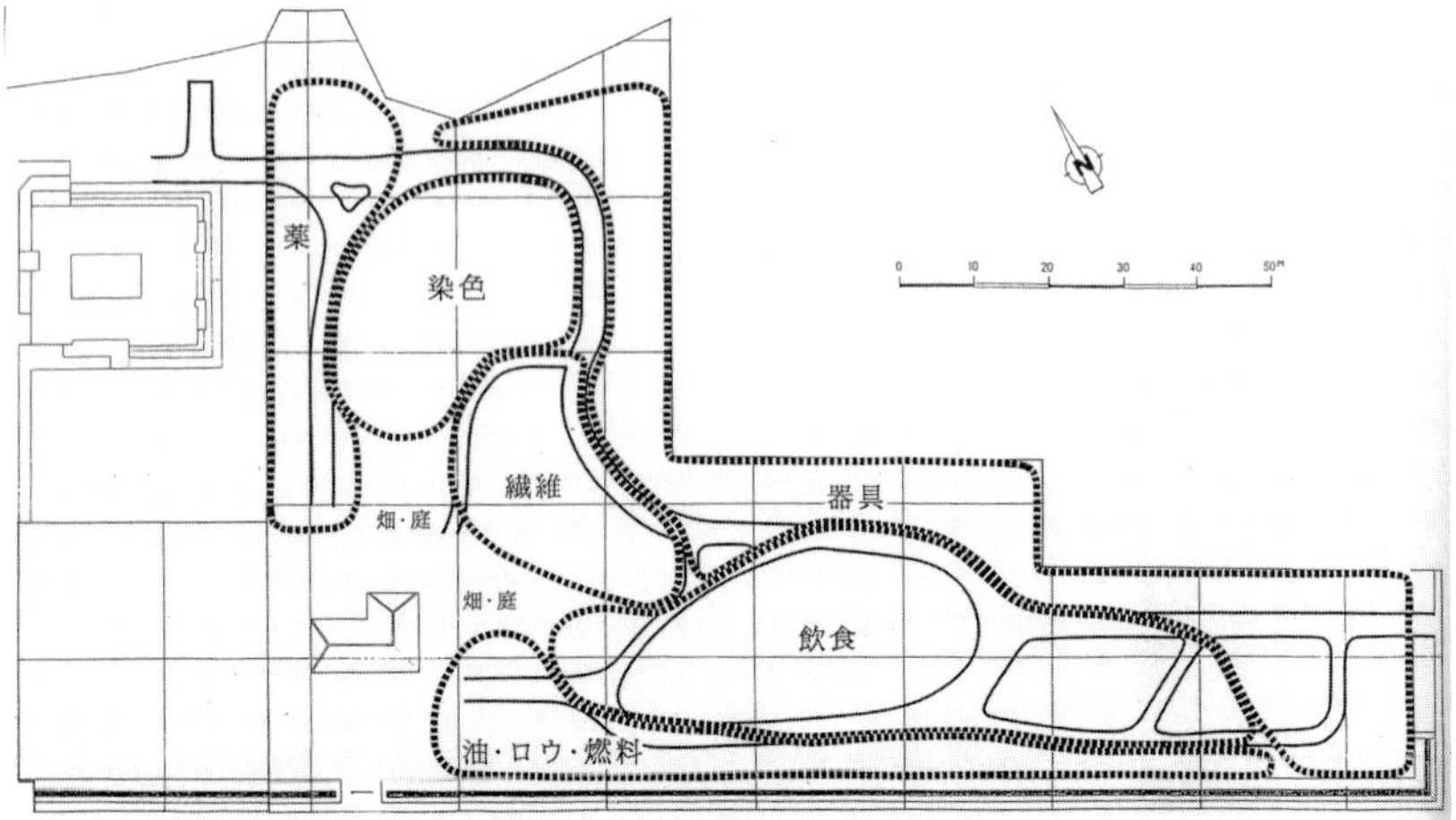


図1　計画時の植物苑平面図

英二さんから全面的な協力を得て、実現したものです。仁田坂さんは、江戸時代に流行した変化朝顔の貴重な系統を国立遺伝学研究所から譲り受け、保存してきました。その一部を譲り受け、展示したのが「伝統の朝顔」展のはじまりです。

翌年の２０００年にも、「ゼラニウム」展、「伝統の古典菊」展、「葉牡丹《ぼたん》」展を開催するなど、新たな企画を積極的に打ち出していきました（写真２）。さらに、２００１年には「冬の華・サザンカ展」を、２００２年は「伝統の桜草」展を開催して、現在の「季節の伝統植物」という年４回の特別企画へとつなげていきます。そして、くらしの植物苑は、おもに生活の面から人と植物のかかわりに注目した常設展示と、近世以降に大衆化した園芸を日本独特の文化として捉えた年４回の特別企画、さらに毎月第４土曜日に実施している「くらしの植物苑観察会」を軸として、活動していくことになりました。

今回のフォーラムは、このようなくらしの植物苑における20年間の活動のうち、いくつかのポイントに焦点をあてて、当苑が伝えてきたことを講演形式で紹介するものです。

**写真１**　第１回「伝統の朝顔」展

**写真２**　第１回「伝統の古典菊」展

プログラムは、常設展示と特別企画という当苑での主要な展示を軸として、午前と午後のⅡ部構成で組んであります。

まず、午前中の第Ⅰ部「くらしの中の植物たち」では、常設展示に関連した講演を行います。トップバッターの辻誠一郎さんは、植生史を専門としており、くらしの植物苑が開苑した1995年に当館へ着任し、それ以来当苑の運営にかかわってきた方です。くらしの植物苑観察会や特別企画「季節の伝統植物」、2004年の企画展示「海をわたった華花」といったさまざまな企画を立ち上げ、当苑の事業を活性化してきました（写真3）。2004年には東京大学大学院新領域創成科学研究科に異動しますが、異動後も「季節の伝統植物」展示プロジェクト委員として、当苑の事業に協力していただいています。その辻さんから、まずくらしの植物苑が目指してきたことについて解説していただきます。そして、旧石器時代の植物利用を専門分野とする当館の工藤雄一郎さんが、常設展示の「食べる」と「道具をつくる」に関連して、縄文時代の食料と道具にみる植物利用のあり方について解説し、その後、美術史を専門分野とする日高　薫さんが「塗る・燃やす」のテーマに関連して、漆工芸についての講演をします。

午後の第Ⅱ部は、特別企画「季節の伝統植物」に関連した講演を行います。まず、春の「伝

写真3　企画展示「海をわたった華花」

統の桜草」については、野田さくらそう会という保存会の代表世話人を務めている茂田井宏さんが講演をします。最近、古典的な桜草と新花の品種がだいぶ増えて、展示が華やかになっているのですが、それは茂田井さんの提案によるものです。夏の「伝統の朝顔」については、九州大学大学院理学研究院で遺伝学の研究をしている仁田坂英二さんが講演をします。仁田坂さんには、１９９９年に変化朝顔の種子を譲与していただいて以来、特別企画「季節の伝統植物」展示プロジェクト委員として展示の企画・立案にかかわっていただいています。秋の「伝統の古典菊」については、台東区立中央図書館の平野 恵さんが講演をします。平野さんは近世の園芸史を専門分野としており、文献史料に基づく展示の企画・立案で協力していただいています。また、菊に関しては、服飾史を専門分野とする当館の澤田和人さんが、小袖の模様をおもな対象として講演をします。澤田さんは、２０１２年に本館で特集展示「伝統の古典菊」を開催し、小袖や栽培書の展示をしました。「冬の華・サザンカ」については、植物学者で恵泉女学園大学名誉教授の箱田直紀さんが講演をします。当苑で展示しているサザンカの品種は、もともと箱田さんが東京農工大学で教鞭をとっていた頃に収集したものを、２００１年に譲り受けたものです。それ以来、サザンカ展の企画・立案にかかわっていただいています。最後に、常設展示と特別企画「季節の伝統植物」の両方にわたって、より幅広い視野から当苑の植物園としての位置づけを再検討していただくため、植物学者で東京大学名誉教授の大場秀章さんに講演をお願いしました。

　今回の歴博フォーラムは、開苑20周年を記念することもあって、長時間にわたり開催するものですが、最後までお付き合いしていただけると幸いです。

# 目次

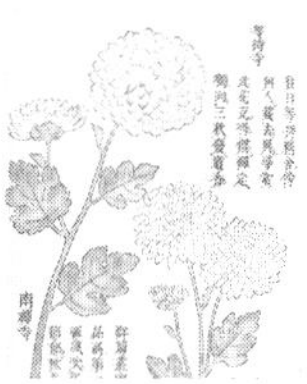

第97回歴博フォーラム
人と植物の文化史
−くらしの植物苑がみせるもの−
第I部　くらしの中の植物たち
「くらしの植物苑が目指してきたこと」
辻 誠一郎(東京大学大学院)
「縄文人の植物質食料と木の道具」
工藤 雄一郎(国立歴史民俗博物館)
「ジャパンと呼ばれた漆工芸」
日高 薫(国立歴史民俗博物館)
第II部　季節の伝統植物
「伝統の桜草」
茂田井 宏(野田さくらそう会)
「伝統の朝顔」
仁田坂 英二(九州大学大学院)
「伝統の古典菊」
平野 恵(台東区立中央図書館)
「菊栽培の流行と小袖模様」
澤田 和人(国立歴史民俗博物館)
「冬の華・サザンカ」
箱田 直紀(恵泉女学園大学名誉教授)
「くらしの植物苑からみる植物園の誕生と多様性の発見」
大場 秀章(東京大学名誉教授)
総合討論　司会：青木 隆浩(国立歴史民俗博物館)
※内容や講師は都合により変更することがあります。予めご了承ください。
2015年10月3日(土) 10:00〜16:30(開場9:30)
会場／国立歴史民俗博物館講堂
千葉県佐倉市城内町117番地
聴講無料
要事前申込み
20th
くらしの植物苑
大学共同利用機関法人 人間文化研究機構
国立歴史民俗博物館
NATIONAL MUSEUM OF JAPANESE HISTORY

# 第I部　くらしの中の植物たち

くらしの植物苑のウリ

# 1　植物の日本史を展示する　くらしの植物苑

辻　誠一郎

私は日頃、歴博のくらしの植物苑で植物を前にして、人と植物のかかわりについてお話をさせていただいています。本日はフォーラムですから植物を目の前にしていませんが、くらしの植物苑が何のために作られ、今日まで何を目指してきたのかをお話させていただきます。最初にお断りしておくことは、植物の名前の表記についてです。植物学でいう種名についてはカタカナ表記を基本にし、俗っぽい群を呼ぶときには漢字表記を基本にして、読みにくい漢字にはよみがなをつけることにします。

## 桜を植える意味

くらしの植物の意味を考える手始めとして、まず桜を取り上げます。歴博のある佐倉城址公園の本丸のところに植わっている桜の写真があります（写真1）。お花見の風景ですね。ふつう桜を植物苑で見ていただくことはありません。「庭に桜を植える人はいない」と古くから言われております。でも、梅は違います。たいていの家の庭には梅が植えられております。家の庭には梅はあるのに桜を植えないのはなぜでしょうか。これには、やはり人と植物の長いかかわりの歴史があるのです。

桜を資源という側面から考えてみましょう。桜はいったい何の役に立っているでしょうか。言い換えれば，桜と人とのかかわりとはどのようなものでしょうか。

佐倉城址公園の桜は花見の対象でした。人が集まって，そして花見をするというところに意味がありそうです。花見の対象といえばふつうは桜で，花見の桜は皆さんもなじみがありますよね。

田舎へ行きますと，ちょっと変わった風景に触れることがあります。たとえば岐阜県の奥山の白川村は，浄土真宗の篤い信仰のあるところで，４月の20日ごろに山行きという行事があり，蓮如さんの命日あるいはそれに近い桜の開花するころに，重箱にお盆や正月のような料理を詰め，一升瓶や格好のいい酒器を携えて山行きをします。山行きとは，お墓へお参りすることなのです。先祖代々のお墓には，たいていは枝垂《しだれ》桜ですけれども，桜の大木が一本あるいは二本が寄り添って植えてあって，その下で家族が先祖様と一緒に食事をするのです。花見の風景と同じですね。

なぜそんなことをするのかというと，天上へ行かれた仏さんがその桜を目印に降りてこられて，家族そろってお祝

写真１　佐倉城址公園の桜（ソメイヨシノ）

いをするためなのです。お祝いとは、桜が満開なように秋には稲がたわわに実って豊作になるようにお願いをする、これを予祝といっております。稲がたわわに実っている様子を桜の開花に見立てているわけです。枝垂桜がふつうなのは、その形容がたわわに実った稲に似ているからでしょう。資源というと大げさですが、桜にはそんな意味が込められていて、人と桜の間には精神的な深いかかわりがあるのです。要するに桜は精神面での資源ということになります。

今お話ししたようなお墓に植えられた桜を「お墓印《はかじるし》」といいます。今度、お墓参りをされたら、どこかにお墓印がないかどうか確かめてください。桜と同じような意味が込められた植物はほかにもあります。松や欅《けやき》・槻《つき》があげられます。松は天上から仏さんや神さんがこれを伝って降りてこられる目印になり、また仏さんが眠るお墓に日陰をもたらしてくれます。お墓印として欅を植えるところもあり、欅の大木があるところを墓所にすることもあります。欅にはまた違った意味を託されていることがあります。

最初に桜を取り上げましたが、くらしの植物苑では、くらしと植物がどのようなかかわりをもってきたのかを考え、理解していただく場所であるからです。桜はその典型的な例と言えるのです。

## くらしの植物苑とは

くらしの植物苑とはどのようなものなのか。オープンした１９９５年に私は歴博に赴任してきましたが、当初うかがったところでは、人のくらしに深くかかわってきた植物を下総台地の景観のなかに描き出し、具体的に人と植物のかかわりを理解してもらえるような展示をすることでした。くらしの植物苑も歴博本館も、下総台地という典型的な台地という地形上にあります。とくにこのあたりは武家屋敷も残されているように近世・近代の歴史景観を垣間見ることができるところです。ここでの人が生活することによって形成される文化景観を再現しようとしたのがくらしの植物苑なのです。

## 文化景観の再現と植物文化史

文化景観というとちょっと難しい表現ですけれども、人が生活するために自然を作り変えていき、人が居住する空間、生活していくうえで不可欠な空間のことをいいます。たとえば、畑だとか、杉林や松林のような植林、竹やぶだとか、いろいろなものがありますね。そのような文化景観を人と植物のかかわりに着目して再現しようとしたものなのです。文化庁が使っている文化的景観と混同されることがありますが、ここで言っているのは人が生活する空間、人が作りあげた空間という意味で、区別しておきたいと思います。ですから、当初から、このくらしの植物苑はきれいな花木だけを集めたフラワーセンターではなかったわけです。きれいな花が咲いていない、こんなところは駄目だと言わないでください。そうではないのです。毎日の生活をとおして人はどのような植物とどのようなかかわりをもってきたのかを見ていただき、そして考えていただきたいのです。

もう一つ重要なことがあります。今も言いましたように、きれいな花がたくさんあればいいというのではなく、日本の歴史をとおして、人と植物がどのようにかかわってきたのかを研究する場所であり、研究成果を展示に反映させる場所であるということです。歴博には、歴史学、考古学、民俗学、さらにその周辺科学の研究をしている人たちがたくさんいます。研究を通して明らかになったことを、展示をとおして公表していくという使命を担っているともいえるのです。

すなわち、人と植物の関係史などと言われますけれども、ここでは植物文化史という表現にしておきたいと思います。これからの私の話のなかでは何度も出てまいります。この植物文化史をくらしの植物苑でお見せしよう。そしてまた、くらしの植物苑だけで独立したものではなく、本館の展示とも連携し、連続一体の展示にしようというのが当初から言われてきたことでもありました。

## 展示の工夫

言うのはたやすいですが本館の展示と連携することは実際には難しい問題が多々あります。くらしの植物苑では生きた植物を見ていただき、本館では具体的にどのように人が植物とかかわってきたのかを見ていただく。本館の展示にも農業、林業、園芸、あるいはさまざまな植物を資源として利用した産業についての展示があり、くらしの植物苑に対応する歴史・民俗・考古資料の展示があるのです。これは目標だけに終わらせてはいけない、これから少しずつ推し進めていこうということなのです。

このように、台地にくらす人と植物のかかわりを文化景観として再現する、歴史学・民俗学・考古学および周辺科学の研究成果を展示する、本館の展示と連携する、これら三つのことをスタートの時点で確認をして、このくらしの植物苑の活動をスタートさせたわけです。

それでは、くらしの植物苑の内容はどうなっているのかをお話ししたいと思います。くらしの植物苑は当初から、「食べる」、「治す」、「織る・漉く」、「染める」、「道具を作る」、「塗る・燃やす」という六つのテーマに沿って、さまざまな植物が植栽されています。おおむね六つのゾーンに分けられており（図1）、これに下総台地での畑のゾーンがあります。

他方で、このように六つのテーマに沿って六つのゾーンに分けることにはいろいろな問題もあります。これは食べる植物、これは道具を作る植物というふうにいかないのです。ほとんどの植物について、食べる植物であり、道具を作る植物でもあり、治す植物でもあるといった具合で、人と植物のかかわりは単純なものではありません。実際、観察会で皆さんと苑内を歩いてみると、1時間かけてもほんの数種類しかまわれないことだってあるくらい、人と植物のかかわりは多様なのです。話し始めたら止まらない、お話ししなければならないことがいっぱいあるというのが人と植物のかかわりなのです。

くらしの植物苑というのは数ある「植物園」のなかではじつに特殊な存在であるのです。「園」をあえて「苑」にしているところにも特殊性が反映されているのです。人と植物のかかわりを理解していただこうとするとさまざまな工夫が必要で、今日はこの花がきれいに咲いていますよ、といったような案内や説明だけでは、このくらしの植物苑の目的を達成できないのです。開苑したころによく言われたことがあります。ここにはきれいなお花がないのですね、お花が小さいですね、といった具合です。これを克服するための一つが、歴史をとおして作り出された伝統植物を展示することだったの

図1　歴博くらしの植物苑のガイドマップ

です。これまでいろいろなことを考えてまいりましたけれども、皆さんからもご意見をいただいて、今後どうあるべきかについても考えていきたいと思います。

## 歴史のなかのくらしの植物

ここからは、歴史学、民俗学、考古学、そして周辺科学からどのようなことがわかってきたのかをご説明します。皆さんがくらしの植物苑をまわられるとき、こんなことを見ていただき、こんなことを考えてほしいということでもあります。苑の植物すべてについてお話しする時間はありませんが、これが歴博だとうなずいていただけるよう、これまでの研究成果を踏まえて解説いたします。

### 歴史の大きな流れ

後期旧石器時代から縄文時代、弥生時代を経て、近世そして現代へと、日本列島の生態系がどのように変遷したかを概観したのが図2です。植物が作っている景観（植生）がどのように移り変わってきたのかをまとめたものです。後期旧石器時代は最終氷期と呼ばれる時代で、現在よりはるかに寒冷な気候が卓越していました。縄文時代になると、地球環境は急激な温暖化を遂げたのです。この温暖な時代は現在も続いています。後期旧石器時代から縄文時代にかけて急激な気候変動に見舞われたのです。この気候の急変によって、景観だけでなく、人々の生活も大きく変わったことがわかっています。

縄文時代はおよそ1万年間も続きましたが、最近わかってきたことで大変重要なことは、人の活動は非常に活発で、縄文人はささやかに生きていたわけではなかったということです。人の活動は多岐にわたり、景観をどんどん作りかえていたのです。さらに弥生時代になると、水田稲作農耕が伝播・波及し、続いて鉄器をもった文化および鉄器を生産する文化をはぐくむことで農業、林業、いろいろな産業を生み出し、景観を大きく変えていきました。そしてついに森林資源が枯渇し、それを補うように大面積にわたって植林がなされるようになりました。

そうした植林とともに隆盛したのが、園芸です。園芸は人為なしではありえないものです。園芸がどのようにして誕生し、どのように伝わったのかはまだよくわかっておりませんけれど、中世から近世にかけて普及し、近世で一気に隆盛しました。人と植物のかかわりが多様化する過程で景観も大きく変わってきたのです。このように歴史をとおして見た人と植物のかかわりをくらしの植物苑でお話しし、確かめていただきたいのです。私は、くらしの植物苑がそのような歴史を理解する場であると考えてきたのです。

園芸の歴史に少し深入りさせていただきます。もうお亡くなりになりましたが、中尾佐助というすごい先生がお

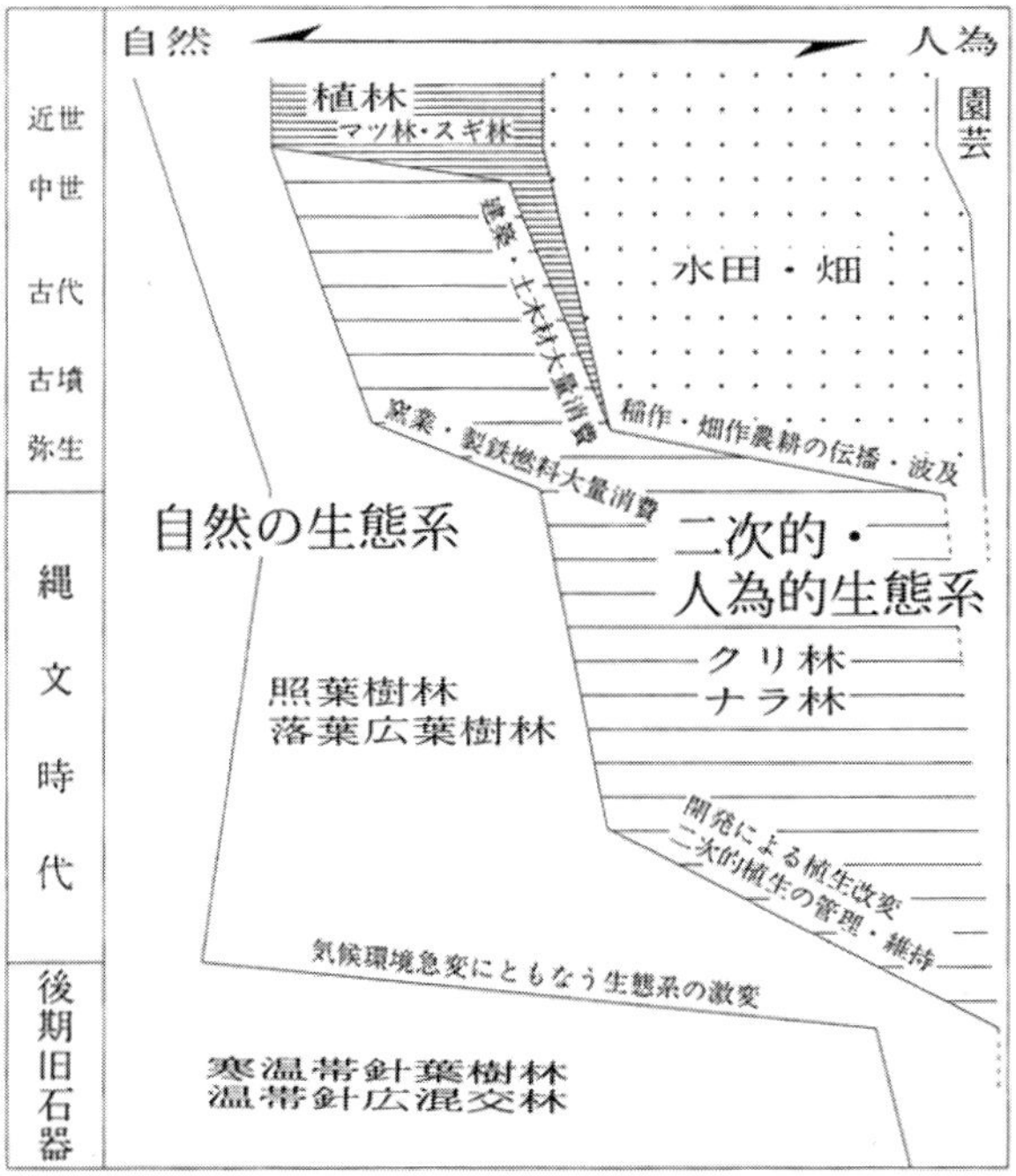


**図 2　後期旧石器時代から近世の生態系の移り変わり**

辻（2002）『日本の時代史 1 倭国誕生』吉川弘文館 .

られまして、岩波新書『花の文化史』という本のなかでこんなことを書いておられます。園芸の世界は古代に形成された二つの第一次センターを中心に膨れ上がっていったのだと。一つは西アジアから地中海地域、もう一つは中国です。この第一次センターである中国から伝播し、独自に形成された第二次センターが日本であるとお考えになったわけです。中世から近世にかけて少しずつ伝播し、近世に一気に隆盛したのが江戸園芸であったわけです。江戸時代には多様な園芸が隆盛してまいります。中国から伝播してきた植物がたくさんありますが、園芸文化の内容は大きく変容しているのです。というより伝播してきた植物が日本文化に吸収されて、質的に大きく変容してしまったと言えるかもしれません。要するに日本の園芸文化は日本の歴史をとおして独自性を増しつつ形成されてきたと言っても過言ではないでしょう。

縄文時代に話をもどしましょう。縄文時代における人と植物のかかわりについては、近年、にわかに新しいことがわかってまいりました。これまでの歴史観では、縄文時代は原始的な生活をしており、もっぱら狩猟と採集活動をしていたと考えてきましたが、そうではなく、有用な資源をもつ生態系を積極的に創出し、維持してきたことがわかってきました。私は、そうした活動を農林業と捉えています。たとえ狩猟であり、採集活動であっても対象となる動物や植物は人とかかわりをもって生息・生育しているわけですから、人為的に改変され、人為生態系といえる世界ができていたということになります。縄文時代に農林業があったかは議論の余地があるとしても、人と植物とのかかわりは密接であり、人が深くかかわることによってできた生態系や植物があったことは確かでしょう。具体的には2章の工藤雄一郎さんのお話にふんだんに盛り込まれていることと思います。

縄文時代の次は弥生時代です。弥生時代は本格的な水田稲作農耕が導入され、急速に伝播していった時代です。多種多様な畑作農耕も伝播してきました。鉄器の伝播と波及によって、森林資源の利用が活発となり、とりわけ針葉樹材利用が顕著になりました。古墳時代から古代になると、樹木・草本を問わず、たくさんの栽培植物も伝播して、人と植物のかかわりは一挙に多様なものとなりました。さらに中世から近世にかけて、前述のように園芸が隆盛をきわめていきます。木材資源の活発な利用は、やがて森林資源の枯渇を引き起こし、植林政策が講じられることになります。日本の生態系は大きく作り変えられることになるのです。おそらく古代から大々的な植林がなされ、近世以降では平野部を中心に植林でないところはないというほどになったと言えるのです。よく原生林という言い方がされますが、それは放棄されるか手厚く保護されたために自然林のようになってしまったものでしょう。

## 縄文時代の人と植物

それでは縄文時代から詳しくみていくことにしましょう。まず、青森県の三内《さんない》丸山遺跡を取り上げます。行かれた方がおられるのではないかと思います。縄文時代前期の中頃から中期の終わりまで、約５９００年前から約４０００年前までのおよそ２０００年間も続いた拠点集落です。この遺跡が保存される契機となったのは、直径１ｍ以上に及ぶクリの６本柱からなる巨大な建造物が発見されたことです。三内丸山集落の形成と同時にクリ林が形成され、集落全体にクリ林が広がっていたのです。どこまでクリ林が広がっていたのかはいまでもわかっていませんが、遺跡の範囲を越えてクリ林が形成されていたことは間違いありません。さらに東方に６㎞も離れた大矢沢野田集落においても同様に広大なクリ林が形成されていたことがわかっています。三内丸山集落の当時の景観を復原してみると、写真２のようになります。幅が10ｍ以上の道路が東西・南北にあり、両側には住居域や墓域があり、それ以外はほとんどクリ林によって占められていました。それではクリはどのように利用されていたのか。まず、建築材や土木材には大量のクリ材が使用されています。クリの果実も食用に利用されました。さらに燃料材としても利用されたことが大量のクリ材の木炭の出土からわかります。また、同じクリ材の木炭でも、送りの場と考えられる盛り土場では焼かれた木炭が細かく砕かれ、土と混ぜ合わせたあと平坦に広げたことを示す状況証拠も得られています。最近、定量分析によってクリ林の密度が調べられましたが、上空からは地表が見えないくらい密生していたということがわかってきました。私が縄文時代に農林業が営まれていたと言ったのは、こうした根拠があるからです。現在では農業というと稲作農耕や畑作農耕によることが普通ですが、縄文時代では林を作る樹木を育成することは普通であり、果実だけでなく木材も

**写真 2　縄文時代中期の三内丸山集落生態系の復原図**
青森県教育委員会 .

多方面に利用していたことを考えれば、農林業といってもけっしておかしくはないのです。三内丸山集落のようにおよそ2000年間も継続したという事実は、農林業という営みなしでは説明できないでしょう。ちなみに、時代が下って中世や近世、近代以降でも低山地には広大なクリ林が描かれた事例はたくさんあり、正月には門松ではなくクリの幹が立てられたという記録があるくらいです。縄文時代から人はクリと密接なかかわりをもって、ともに生きてきたと言えるかもしれません。

クリ以外にも人と深くかかわった植物はたくさんあります。エゾニワトコの事例を紹介します。同じく三内丸山遺跡においてエゾニワトコを主体に、ヤマグワ、ヤマブドウ、サルナシ、マタタビ、ヒメコウゾを伴った種子・果実だけからなる植物遺体群が見いだされています。秋田県大館市の池内《いけない》遺跡からも同時代の同じ種子・果実組成からなる植物遺体群が見つかっていますが、そこではおよそ10個の塊として検出されており、搾られたあとかたまりで廃棄されたという状況証拠が残されていたのです。このことから、酒を造った後の搾りかすと考えたのです。本州には広くニワトコという植物が分布していますが、これは果実の色も大きさも雑駁で、野生の性質をもっています。ところがエゾニワトコは果実がニワトコの1・5倍くらいあり、粒そろいがよく、かつすべてが真っ赤になるのです。こうした性質から、エゾニワトコは人の選抜淘汰によって作られた植物ではないかと考えられるのです。とにかく特殊な植物であることは間違いありません。まだ研究の途中ではありますが、真っ赤であるという色の特殊性が酒造りに深くかかわっているように思えてなりません。

クリはありふれた植物ですが、縄文時代のクリは果実が小さく特異です。エゾニワトコは東北北部からサハリンまで分布する特異なものです。研究で明らかになってきたこれらの植物をくらしの植物苑で展示し、遺跡出土の遺物としても展示したいと考えているところです。

## 弥生時代から古代

弥生時代から古代にかけて、水田稲作農耕の伝播とともに重要な文化が日本に伝播します。それは鉄器です。鉄器という鉄刃のついた道具の伝播と波及によって、人と植物のかかわり方に大きな変化がもたらされました。それは、スギをはじめとする温帯性針葉樹を容易に伐採・加工できるようになったことです。縄文時代において普通であった石の斧では温帯性針葉樹を伐採・加工することは困難でした。鉄器はそれを容易にしたのです。

日本海側の弥生時代から古代の遺跡では、スギの加工材がおびただしく出土する遺跡がたくさんあります。福井県の三方五湖の近くの黒田《くろた》というところの事例を見てみましょう。昭和30年代に水田耕作の効率化のために各地で圃場整備工事がされました。ここでは水田の地下に大量のスギの立株が埋まっていて、耕作の邪魔になるというので、重機によって掘り出され、大型トラックで2000台以上にのぼったと言われています。掘り出された立株は川べりに積み上げられていたのですが（写真3）、ほぼすべてが鉄の斧で断ち切られていたのです。

**写真3**　古代に建築用材として利用された
福井県三方町黒田のスギ埋没林株

スギの幹の直径は50～100㎝あるいはそれ以上のものもありました。その大量の幹は切り出されて用材として利用されたのです。言い伝えが記録として残っていて、都の建設など木造建築の用材として遠距離を運搬されたというのです。各地の水田の地下から掘り出されたスギ材の年代測定をすると、ほぼすべてが縄文時代のものであることがわかりました。こういうスギは神代杉《じんだい》と呼ばれています。今日でも山口県や福井県、秋田県に神代杉を扱う木工芸職人がいますが、建築材として扱うことはありません。地下に埋もれた縄文時代の神代杉を資源として利用していた時代が日本史をとおして見るとあるのです。スギはあまりにもありふれた針葉樹ですが、日本歴史にはこんな面白い資源利用の時代が隠されていたのです。

次はベニバナについてみていきましょう。有名な藤ノ木古墳の石棺のなかから検出されたことで一躍有名になった植物です。石棺の内部は鮮やかな紅で染められており、この染料が何であるかを明らかにするためにさまざまな分析が行われました。その結果、紅色をしているのはベニバナの花粉であることがわかったのです。顕微鏡で見てみると花粉は紅色をしています。くらしの植物苑でも毎年、きれいな黄色から紅色の花を6月から7月ころに咲かせています。ベニバナというと紅花油を思い出される方が多いと思います。最近は健康によいといってよく利用されています。じつはベニバナは地中海沿岸の原産で、シルクロードを経て中国にもたらされ、その後、古墳時代には日本にもたらされた植物なのです。紅は高貴な色とされ、また、生命力のみなぎった大きなパワーをもつものと考えられました。古代では各地で栽培されていたことが花粉の検出によって知ることができます。ちなみに、山形県の最上《もがみ》紅花の栽培が定着するのは中世末から近世ですが、日本海ルートで近江に運ばれ、そこから京都へ口紅などの商品となって搬入されたことは有名な話です。

弥生時代から古代にかけて中国からもたらされた植物が、ほかにもたくさんあります。モモはその代表的な植物です。モモが遺跡から出土するのは、弥生時代からです。九州では縄文時代の遺跡から出土例がありますが、年代は定かではありません。モモの原産地は中国の黄河流域とされています。モモは弥生時代から古代の遺跡ではごく普通に見られる植物で、核あるいは内果皮と呼んでいる果実のなかの堅い部分が出土します。同時期の韓国でもごく普通に見られます。西日本では、吉野ヶ里遺跡や原の辻遺跡といった著名な弥生時代の遺跡で大量に出土しています。あとでお話ししますが、ヒョウタンやメロンといった植物と一緒に出てくることが多いのが特徴です。そのことから祭祀に用いられたと考えられます。現代のモモのような果汁の多い部分はほとんどなく、核のなかの仁と呼ばれる種子を食用あるいは薬用にしたと思います。あるいはまた、核を魔除けなど呪術に用いた可能性も高いでしょう。

モモと同様に中国原産の近縁の植物がウメです。ウメは隋・唐の時代に日本にもたらされたと考えられます。おそらく日本の国号を掲げた律令国家成立とも深くかかわっていたのではないかと考えられます。長屋王邸宅のゴミ穴の植物遺体を調べた折、あまりに多くのウメの核が廃棄されていたことに驚いたことがあります。梅干しにして食べていたのではないかと思ったものです。万葉集には梅花をうたった歌が多いので、花を愛でることは普通だったのではないかと思います。

このようにみると、モモは水田稲作農耕と関係して日本にもたらされ、ウメは隋・唐の文化の導入と関係していたと言えるでしょう。日本にもたらされたモモ・ウメは、その後、品種改良を加えられながら多様化し、中世から近世にかけては中果皮にあたる食用部が普通に利用されるようになりました。

初めに桜の話をしましたが、桜山とか桜並木はたくさんあっても、庭のような囲われた空間に桜が植わっていることはあまりないと思います。それに対して梅並木や梅山というのはあまりなく、梅園のように囲われた空間に植わっているのが普通ではないでしょうか。これはおそらく、桜はヤマザクラなどのように海をわたってきた植物ではなく、日本の野山にもともと自生していたものであるのに対して、ウメは舶来のものであり、限られた人々のための囲われた世界のものであったからだと思います。もちろん固定したものではなく、中世、近世へと文化が変容していくのに応じて外へ出ていくこともありえたかと思います。

## 中世から近世

律令体制が緩やかとなり、地方の力が強くなってくると、生活文化にも変容がみられ、さらに中国仏教である禅や宋とのかかわりが深まるにしたがって、人と植物のかかわりにも変化が起こったように思います。古代末から中世にかけて中国からもたらされた植物のなかで重要なのは、チャノキ（写真4）ではなかったかと思います。茶は、古代にも日本に持ち込まれていたとされますが、古代末、栄西という僧侶が禅を日本に持ち帰った折に、茶の文化だけでなくチャノキも日本にもたらしたと言われています。ただ、栄西に限らないとすれば、私はそれだけではなかったと考えています。中国からもたらされた植物はもっとたくさんあると考えています。たとえば、センノウ、イチョウ、ケヤキなどを挙げることができます。

センノウ（写真5）は今日では忘れ去られた植物といえるかもしれません。1995年の夏、「出雲のセンノウ」として松江市に生き残っていたことが報じられたからです。シーボルトが『日本植物誌』で新種として記載した植物です。じつは中国原産で、日本のものは種子ができない三倍体で、種子ができる二倍体が中国にあるため、中国からもたらされた植物と考えられます。日本では消滅したと考えられていたのです。中世から近世において、七夕《たなばた》の宵に宮中に献じられる花扇《はなおうぎ》の七草の花にセンノウが含まれていて、残された絵画資料から鮮やかな紅色であったことがわかります。真夏の暑気払い、邪気を追い払うための赤であったと言えるでしょう。漢字では「仙翁」と書くこと、中世より前には記録がないことなどから、禅との関係性が深いと私は考えています。イチョウもそうだと思います。寺院にも神社にも神木のように植えられているのは、古代末の神仏習合とかかわりがあり、これにも禅が深く関係しているように思います。古代での記録はなく、また、葉柄から入った2本の維管束《いかんそく》が葉身で末広がりになるのが禅の無限に通じると考えるからです。ケヤキは古代では槻《つき》であって、月に通じるから、たとえば浦和にある調宮《つきのみや》神社の入口には両側に兎がいるのです。欅《けやき》は中世に中国からもたらされたのではないかと考えられるのです。樹形が箒のように天に向かって末広がりであることは、イチョウの葉形にも通じるものがあると思います。ケヤキは韓国でも村の守り神が宿る樹木で、村の中心部に大木が聳え立っていることが多いように思います。

すべてを中国仏教である禅に結びつけることはできないかもしれませんが、南宋とのかかわりにおいてもたらされたものは相当あるのではないかと察しています。水墨画をはじめとして「山笑う」

**写真 4　チャノキの開花**

**写真 5　センノウの開花**

など俳句の季語が南宋からもたらされているので、植物に限らず、自然観、世界観も日本にもたらされ、日本の文化に大きな影響を与えたように思います。

ところで、松林は古くから日本の景観を作ってきたものと考えられ、日本の景観の象徴的なものとさえ言われてきましたが、そうではなく、中世から近世にかけて人が作り上げたものであることがわかってきました。関東平野を例にとって見ると、中世後半に増加を開始し、近世になって一気に急増したことがわかります。近世の増加は１６７０年代以降に起こっています。これは新田開発とも深く関係しているように思われます。埼玉県の三富新田にはアカマツからなる松林、コナラやクヌギを主にした雑木林、それに畑と屋敷がセットになった集落生態系がいまも残っています。古代から中世にかけては森林という景観がほとんど見られない原っぱであったところに、松林や雑木林が作り出されていったのです。これは農用林として主に畑の肥料を提供するものと考えられていますが、江戸城や江戸市中の建築・土木用材を確保するために作られたのではないかと私は考えています。なぜなら、江戸城外堀や江戸市中の遺跡発掘調査では、とくに土木工事に大量のアカマツ材が出土しているからです。それら大量の木材は、近距離輸送材として近郊農村から供給されたと考えられるのです。松林は、人が森林伐採をしたあとにできた二次林だと考えられてきましたが、けっしてそうではなく、人が植林をして創出していったものなのです。いまでは厄介者にされかねない松林ですが、ありふれたアカマツといえども、そうした歴史を背負っていることを考えてみてください。松林にも面白い歴史が隠されているのです。

同じようなことが屋敷林を作っているシラカシについても言えるのです。群馬県の方へ行くと、屋根が見えなくなるくらい背が高いシラカシの生垣を見ることができます。これは北西から吹いてくる冬の季節風を防ぐための防風林としての機能をもっています。植物生態学の研究者はいまでもシラカシは関東平野の原風景をなしていたもので、屋敷林のシラカシはその名残りだと考えていましたが、そうではないのです。近世より前ではシラカシという植物はほとんど見ることができません。私たちが調査した結果、近世より前では森林と呼べるようなものはほとんど確認できず、近世になって人が作り出したものであることがわかってきたのです。江戸時代に書かれた『農業全書』には、シラカシは百益あって一害なしとうたわれており、乾燥した関東平野で生きていくための装置としてシラカシの屋敷林が作られたと考えられるのです。くらしの植物苑にも大きなシラカシがありますが、そんなことを考えながら見ていただければと思います。

柳田國男という民俗学者が、景観というものは時代とともに変わっていくものだと語っています。小さいころに見た風景が手つかずの豊かな自然だと思っている人が意外に多いように思いますが、いくら懐かしんでもそのような景観は手つかずの自然ではなく、人が環境とのかかわりのなかで作り出した文化景観なのです。縄文時代から現代まで大急ぎで景観や景観を作っている植物について考えてきましたが、いつまでさかのぼれば手付かずの自然があるのかといえば、縄文時代にさかのぼってもそのようなものはないというのが事実だと思います。つまり人は縄文時代から景観を作るたくさんの植物と深くかかわってきたということなのです。

## 企画展示：季節の伝統植物

１９９８年の４月から毎月くらしの植物苑観察会を開催してきましたが、これまでお話ししてきたような植物の日本史とでも言えるような植物が背負っている歴史を理解していただきたいための行事であったわけです。季節が変わりますと、植物の姿も変わっていきます。２年経ち、３年が経てば、それなりに植物の姿も変わっていきます。ですから、何度でも足を運んでいただいて、いっしょに人と植物のかかわりを考えることができればと思うのです。

ここでくらしの植物苑のスタートラインを振り返っておきたいと思います。１９９５年９月14日にくらしの植物苑はスタートしましたが、オープンして間もなく、歴博なのに歴博らしい説明がされていない、せめて万葉集の植物くらい説明しては、といった苦情や助言をいただきました。１９９５年４月に赴任したばかりの私に白羽の矢が向けられて、その後ずっとくらしの植物苑にかかわるなど考えてもいなかったのですが、植物を専門にしている立場上、わからないことばかりでしたが展示の改善や新しい展示の方法を模索することになったというわけです。

## 伝統園芸に着目する

くらしの植物苑の維持・管理をやっておられた渡邊重吉郎さんと相談しながら、植物の日本史のようなことを皆さんに理解してもらうには、長年にわたって維持され、また改良もされて歴史を積み重ねてきた伝統園芸を展示するのが効果的ではないかということになりました。西洋の園芸ではなく、日本文化としての園芸です。最初は、一年目に「変化朝顔」を、二年目に「瓜と瓢箪《ひょうたん》」を、三年目に「菊」をやろうという計画を立てたのです。その一年目の「変化朝顔」は、協力をお願いに行った国立遺伝学研究所から、九州大学の仁田坂英二先生を紹介いただき、結局、仁田坂さんの全面的な協力をいただいてスタートすることになったのです。この企画展示が「伝統の朝顔」であり、１９９９年８月から９月まで、じつに異例とも言われた１カ月以上にわたる展示を強行したのでした。

図 **3**　初めてのくらしの植物苑特別企画
「伝統の朝顔－江戸を咲かす」（**1999** 年）のポスター

この企画展示が結果的に好評を博したことはご存知のとおりです。そこで、「伝統の朝顔」は引き続いて毎年開催することとなり、さらに調子づいて「季節の伝統植物」という企画展示に発展してしまったというわけです。幸いにして最初に案に上がった「菊」は秋、そこに「桜草」の春を加え、その後に箱田直紀先生のコレクション「山茶花《さざんか》」が加わって、年間4回の季節展示が実現できることになったのです。これまでに季節的に重複する「瓜と瓢箪」や春から夏の「撫子《なでしこ》」などを変則的に開催してきたところです。「季節の伝統植物」で取り上げた植物群・園芸植物については、あとで詳しく解説する章がありますが、国際展示となった「日本の伝統朝顔」、および企画展示「瓜と瓢箪」はあとでも取り上げられませんので、ここで紹介しておきます。

## シーボルトも知らなかった変化朝顔

１９９９年の夏に開催した第1回目の企画展示「伝統の朝顔」（図3）は好評を博し、そのことが園芸関係の方々からだと思いますがイギリスやオランダにもうわさが伝わっていて、とくに次年の２０００年に日蘭友好四百周年を迎えるオランダでの開催を考えてもいいのではないかということになったのです。幸運にも交渉がスムーズに進み、２０００年の7月末から8月末までの異例ともいえる約1カ月間の国際展示が実現しました（写真6）。

会場はライデン大学付属植物園、通称ホルタス・ボタニクスです。しかも２０００年5月にできあがる3階建ての温室での開催とな

**写真6**　オランダ・ライデン大学付属植物園で共催した国際展示「日本の伝統朝顔」（2000年）の案内ボード

り、完成直後に天皇皇后両陛下が日本文化を学ぶ学生と交流をされた会場でもあります。ここは江戸時代に日本にやってきて日本の医学や博物学の発展に貢献したシーボルトゆかりの植物園でもあります。交渉の最初に「日本に変化朝顔という園芸があるなんて知らなかった」と驚かれたものです。シーボルトは江戸で隆盛した「変化朝顔」の世界を知らなかったようです。オランダでは知られていなかった変化朝顔とあって、約1カ月間に1万7千人もの多くの方々に見ていただきました。

## 古くから利用されてきた瓜と瓢箪

瓜《うり》、瓢箪《ひょうたん》はともに俗っぽい名称です。ここでいう瓜はメロンのことです。また、瓢箪はユウガオのことです。ユウガオはヒョウタンとも言ってきたので、ここではヒョウタンという名で呼ぶことにします。両方ともウリ科に属しており、メロンは弥生時代から、ヒョウタンは縄文時代早期から、日本各地の遺跡から植物遺体としてたくさんの種子や果実が出土しており、人が古くからこれらの植物に深くかかわっていたことがわかります。

ヒョウタンの原産地はアフリカ中部の乾燥地帯とされています。日本では約1万年前の縄文時代早期から出土しています。アフリカとの間ではほとんど遺物が見つかっていないので、日本にそんなに古い時代にどのようにしてもたらされたのか、まったくわかっていないと言っていいかもしれません。日本の遺跡発掘調査が桁外れに多いことと、植物遺体をしっかり調査していることによるのだと思います。

くらしの植物苑で栽培され、展示されたものはきわめて多様な形をしています（写真7）。ヒョウタンという種内ではどのようなものとも交雑が可能で、中間的なものができるので形態が多様なのです。

縄文時代のヒョウタンは古くから知られています。たとえば、滋賀県の粟津湖底遺跡から縄文早期の種子・果実が、熊本県の曽畑遺跡から縄文前期の種子・果実が、また、青森県の三内丸山遺跡から縄文前期の種子が出土しています。果実は西洋梨を大きくしたような形をしており、果実が容器として利用されたのではないかと考えられます。弥生時代から古代にかけては、首長の果実から西洋梨形の果実、さらには蜜柑のような球形のものまでじつに多様な形の果実が見られます。山口県の長登銅鉱山遺跡からは奈良時代の西洋梨形の果実が7個セットで出土しています。これは七つ星状に並べられ、雨乞いの祭祀のあとと見られます。長野県の屋代遺跡群からは平安時代の球形の果実が柄の付いた状態で出土しています。これも雨乞いの祭祀あとと見られています。おなじみの千成瓢箪などのくびれたヒョウタン果実は中世になってようやく見られるようになります。

縄文時代から現在まで、おそらくヒョウタンは果実が利用されたと考えられますが、時代と

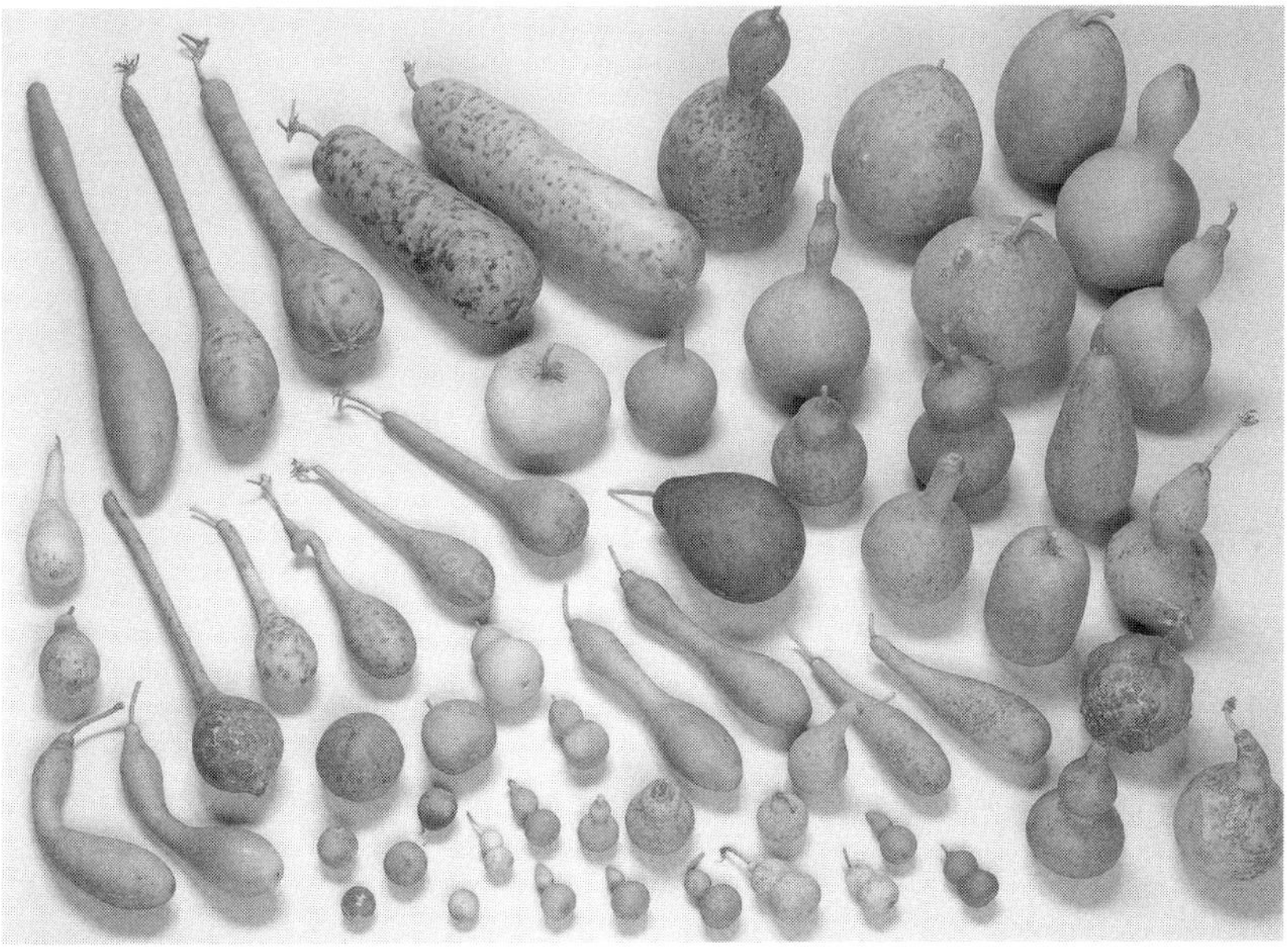

写真7　くらしの植物苑で栽培・展示したヒョウタン品種群の果実

ともに形態は大きく変化し、利用の仕方も変わってきたのでしょう。ユウガオと呼ばれている大きくてゴロンとした果実は、内側の白い部分をくりぬいて食用にしてきました。紐状にして乾燥したものが寿司に入れる干瓢《かんぴょう》です。

メロンも多様な形をしています（写真8）。種内ではどのようなものとも交雑できるので、果実は小さなピンポン玉のようなものからラグビーボールのような大きなものまで多様です。日本で最初に登場するのは弥生時代で、果実がピンポン玉くらいのザッソウメロンと呼ばれるものです。古代になると、シロウリとマクワウリが現れ、モモルディカメロンという品種もみられました。メロンというと皆さんは甘くておいしいマスクメロンのあの大きくて丸い果実を思い浮かべられると思います

写真8　くらしの植物苑で栽培・展示したメロン品種群の果実

が、あれは近世になってから日本にもたらされたもので、とても新しいものなのです。

ヒョウタンもメロンも、日本にもたらされてから次第に変化していったのではなく、時代を経るにつれ、次から次へと新しい品種が日本にもたらされたと考えられます。おそらく中国や朝鮮半島からだけでなく、東南アジアからもやってきたのだと思います。それだけ海を越えた交流があったと言えるのかもしれません。くらしの植物苑の企画展示は、そのような交流の歴史も考えていただきたいのです。

## これからのくらしの植物苑

くらしの植物苑がめざしてきたことは、まだまだ達成されてはおりません。くらしの植物苑観察会は月に一度ですが、もっと頻繁にやってもいいのではないかと思います。植物を観賞するというのではなく、人と植物のかかわりを理解するというのが大きな目的であるわけですから、解明してきた研究成果を語る方法を開発していかなければならないと思うからです。その意味で、くらしの植物苑にある植物のもっている意味を考え、理解を深めていくことは大変意義のあることだと思います。その方法の一つとして観察会やギャラリートークがあるのだと思います。

最後にお話ししておきたいことがあります。それは、人と植物のかかわり史の解明のために歴博は研究を続けてきたということです。歴史学、考古学、民俗学、それに情報・保存科学など周辺科学が関係性を深めながら人と植物のかかわりについて研究を発展させる必要があると私は考えています。さらに外部の植物学、生態学などとも共同研究を推し進めることが望まれます。そうした連携・共同研究の成果を、くらしの植物苑展示や本館展示に盛り込んでいければと考えているところです。

# 2　縄文人の植物質食料と木の道具

工藤 雄一郎

くらしの植物苑の常設展示にはさまざまな植物が植栽されていますが、縄文時代に、食料や道具の素材、そして建築材や土木用材として利用された植物があります。これらを取り上げてみます。

## 低湿地遺跡からわかってきたこと

皆さんは縄文時代のイメージとしてどのようなものをお持ちでしょうか。火炎土器に代表されるような非常に装飾的な土器を使うような時代であるとか、弓矢を使って動物の狩猟をしている時代、植物の採集をするような時代といったイメージをお持ちでしょうか。あるいは、竪穴住居に住んで定住的な生活をするような時代、土偶や石棒のような非常に独特な精神文化を持っている、といったイメージをお持ちの方も多いのではないでしょうか。

人と植物とのかかわりが本書のテーマです。人と植物が密接にかかわってきたことは、縄文時代あるいはそのもっと前の旧石器時代から連綿と続いていることだと思います。縄文時代の人々は狩猟採集民ですので、今われわれが想像している以上に、植物とのかかわりは非常に密接だったと考えてよいでしょう。食料、道具の素材、建築部材、建築資材、土木材としても植物は重要ですし、暖をとったり日々の調理をするための燃料材や、衣服やロープ、縄、糸を作るために用いる植物繊維、そして塗料など、利用の仕方も多岐にわたります。少し考えてみれば当たり前のことなのですが、残念ながら、こういった当たり前のことが、縄文時代の遺跡の発掘調査をしているとなかなかわからないのです。

何故かというと、植物は有機物ですので、普通の遺跡ではすべて分解されて残っていないからです。土器や石器は地中に埋もれてからも現在までずっと残っていません。植物質の資料は「生モノ」です。台地上の遺跡では条件がよいと竪穴住居に建築部材がそのまま焼け焦げて残っている場合があります。まれに、炉の周囲には食料となったクリやドングリが炭化して残ることもありますが、そういった事例は少ないのです。

一方で１９８０年代以降、高速道路建設などの大規模な開発にともなって、低湿地遺跡の発掘調査が非常に活発になりました。低湿地は台地上の遺跡と違い、現在では谷底のようなところにあります。そういった場所は地下水位が高いために遺物が水漬けになって空気から遮断されることから、有機物が腐らずに残っており、発掘調査をすると木質の遺物や木材を組んだ施設などが良好な状態で出土することがあります（写真１）。こうした低湿地遺跡にはさまざまな研究の素材があります。たとえば遺跡から出土する木材を調べれば、どんな種類の木を縄文人が使っていたのか、あるいは遺跡の周辺にどんな木（植生）が実際にあったのかがわかります。遺跡か

**写真１　低湿地遺跡から出土した木組遺構**

東京都下宅部下宅部遺跡第７号水場遺構．
以下，写真１～５は東村山市教育委員会資料より．

ら出土する種実を調べると、どんな種類の木の実を食べていたのか、どんな樹木が周囲あって、どういった植物が食料として選ばれていたのかがわかってきます。

あるいは、花粉や植物珪酸体、珪藻といった微化石を調べると、当時、遺跡の周辺に生えていた植物（植生）が復元できます。遺跡の周辺にどんな森があったのか。どのくらいの距離にクリやトチノキがあったのか、ウルシの林は近くにあったのかなかったのか。そういったことが微化石の研究から復元することができます。

もう一つ重要なのは、縄文人によって加工された木製品です。実際に縄文人たちがその木を切り、加工をして作ったさまざまな道具が低湿地遺跡からは見つかります。そこから縄文人はどんな道具を使ってきたのか、土器や石器だけからではなかなかわからないことが見えてきます。たとえば石斧は、それは単体では使えず木製の柄が必要ですから、木製の柄を合わせて初めて道具としての石斧の全体像が見えてきます。このように低湿地遺跡は、植物と人との関係史を考えるうえで非常に重要な研究の素材が豊富にある遺跡なのです。

## 多種多様な野生植物利用と高度な技術

縄文時代の狩猟採集漁労生活を1年間のスケジュールにした縄文カレンダーがあります（図1）。縄文人の資源利用は、

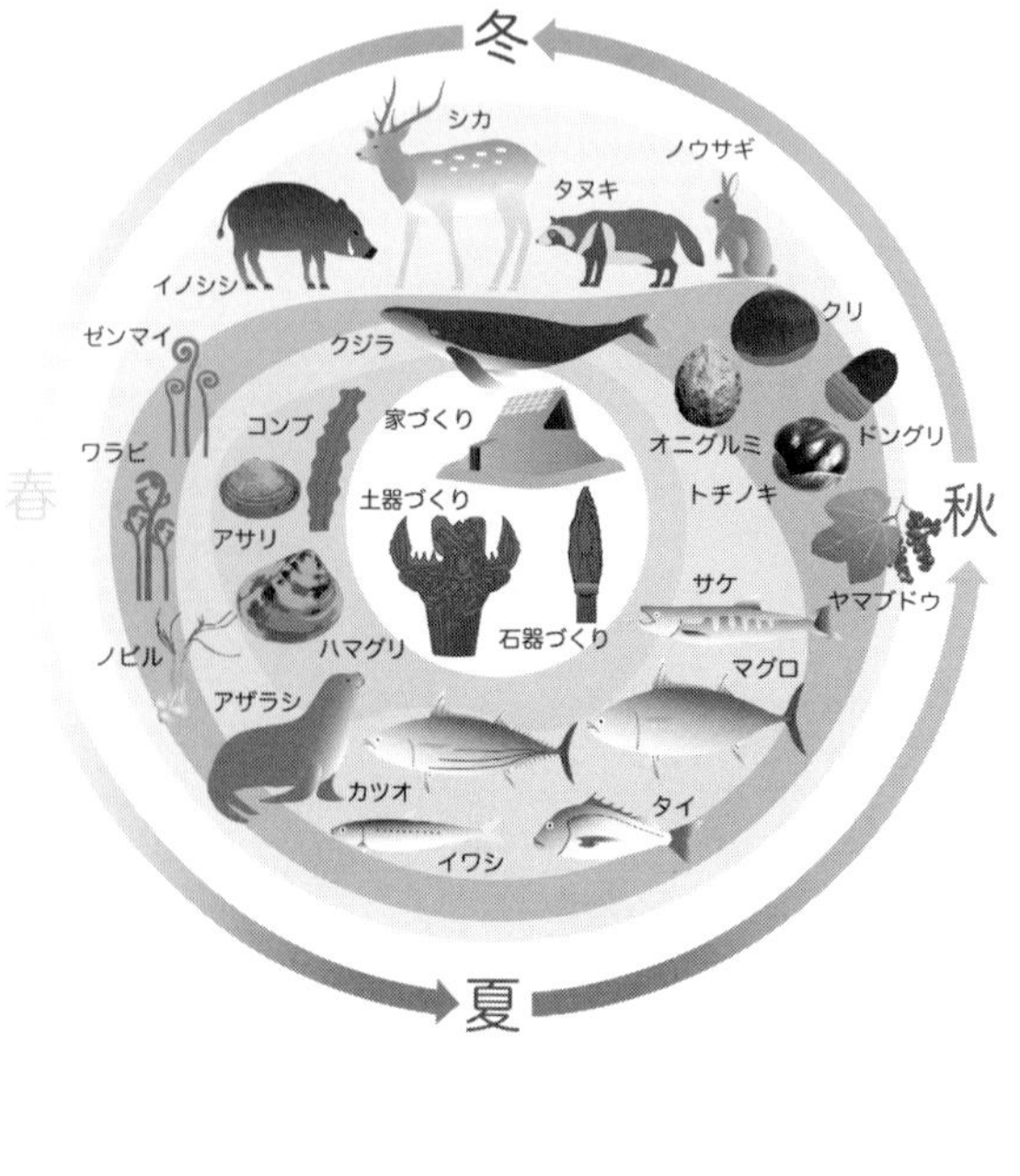


**図1　縄文カレンダー**
工藤（2014）より.

このカレンダーからもわかるように、季節に応じて利用可能な資源を効率よく、そして満遍なく利用するというところに特徴があります。この点が弥生時代の稲作中心の生業との大きな違いなのです。そして、満遍なく利用している植物のなかにも、じつは集中的に利用している植物がいくつかあるということがわかってきたことが、最近の20年ぐらいの研究の大きな成果です。

縄文人が利用した森の恵みにはさまざまなものがあり、代表的なものはクリやクルミ、ドングリ類があります。あるいはトチノキや、ノビルやユリ根などの鱗茎類もあります。しかしながら、利用された植物が低湿地遺跡なら満遍なく何でも残っているかというと、そういうわけではなく、残りやすいものと残りにくいものがあります。硬い内果皮や種皮、果皮などをもつ堅果類は低湿地遺跡のなかでもとくに残りやすいのです。東京都東村山市の下宅部遺跡では、破砕されたオニグルミの内果皮が2万点ほど集積して出土したクルミ塚や、トチノキの種子の皮を剥いて川のなかに捨てたものが集積したトチ塚、編物の上に水さらしをしたまま川のなかで埋もれてしまったアカガシ－ツクバネガシ果実の集積などが残っています（写真2、3、4）。こういった比較的硬い組織を持っている部位は縄

写真 2　東京都下宅部遺跡出土
第 1 号クルミ塚

写真 3　東京都下宅部遺跡出土
第 1 号トチ塚

写真 4　東京都下宅部遺跡出土
第 49 号編組製品と
アカガシ－ツクバネガシ果実

文時代の遺跡でも残りやすいのです。「縄文時代の食料といえばドングリですよね」とよく質問を受けるのですが、それは植物のなかでも遺跡において一番残りやすい植物の部位の一つという側面もある点は、ぜひ知っておいてください。

残りにくい植物の例では、稀に土器にお焦げとして付着している場合があります。鱗茎付着土器といって、球根状の植物が焦げついて残っているような例があります（写真5）。候補となる植物としてはノビルやツルボなどが考えられます。ツルボの鱗茎はデンプン質で戦前・戦中には救荒食にもなっていた植物です。民俗例では3日ほど煮てえぐみを除去しないといけないのですが、鱗茎付着土器はそういった鱗茎類を食料として利用していた痕跡かもしれません。

縄文人の植物食を考えるにあたって重要な点は、そのままでは食べられないような植物を有用化する高度な技術をもっていたということです。たとえばトチノキは大きな種子を付け、種子はデンプン質なので集めればかなりの潤沢な食料になるのですが、サポニンという非常に強いアクがある植物です（写真6）。サポニンはせっけんの材料にもなるくらいですから、トチノキを食料として利用する

写真5　東京都下宅部遺跡出土
鱗茎付着土器

写真6　トチノキ種子
筆者撮影.

ためには種子を採集して、皮剥きをし、水さらしをして、さらに長時間煮て、さらに木灰を合わせアルカリで中和する、というような多工程かつ複雑な技術が必要になってきます。

当然、そのための施設も必要になってきます。たとえば、埼玉県赤山陣屋跡遺跡では四角い枠状の木組遺構が出土し、この遺構の周りでは破砕したトチノキ種皮の集積がいくつも出土しました（写真7）。この周囲でトチノキ種子の水さらしや煮沸などの一連の作業が行われていたのでしょう。

一方、青森県の三内丸山遺跡や秋田県の池内遺跡などでは、エゾニワトコの種子が集積して出土した例がいくつか見つかっています（写真8）。これにはヤマグワやヤマブドウ、ヒメコウゾなどの種子も混じっており、辻誠一郎先生は縄文人も酒を造っていたのだろうと考えています。

他の植物では、アサも縄文時代から利用されている植物です。アサはもともと中央アジア原産の外来植物ですが、繊維、油、薬用、そして食料などとして古くから栽培されており、世界最古の繊維作物ともいわれている植物です。アサは縄文時代のかなり古い段階から

**写真7　埼玉県赤山陣屋跡遺跡出土木組遺構**
川口市教育委員会資料より.

**写真8　青森県三内丸山遺跡出土**
**エゾニワトコ種子の集積**
三内丸山遺跡 縄文時遊館資料より.

見つかっています。秋田県の菖蒲崎貝塚では縄文時代早期後葉の土器の底部に焦げついたアサの果実が付着していた例が見つかっています（写真9）。これは、土器でアサを加工していたことを示す最古の証拠になります。今から7500年前には、食用だったのか油を取るためだったのかわかりませんが、このようにアサが利用されていたことが知られています。

写真9　秋田県菖蒲崎貝塚出土
炭化アサ付着土器
由利本荘市教育委員会資料より.

千葉県館山市の沖ノ島遺跡では、縄文時代早期前葉のアサの果実が見つかっています(写真10)。私はこのアサの放射性炭素年代測定を行い、今から1万年前のアサだということがわかっています。この年代が示すことは非常に重要で、1万年前というかなり古い段階からアサが間違いなく日本列島内に存在していたことを示しています。

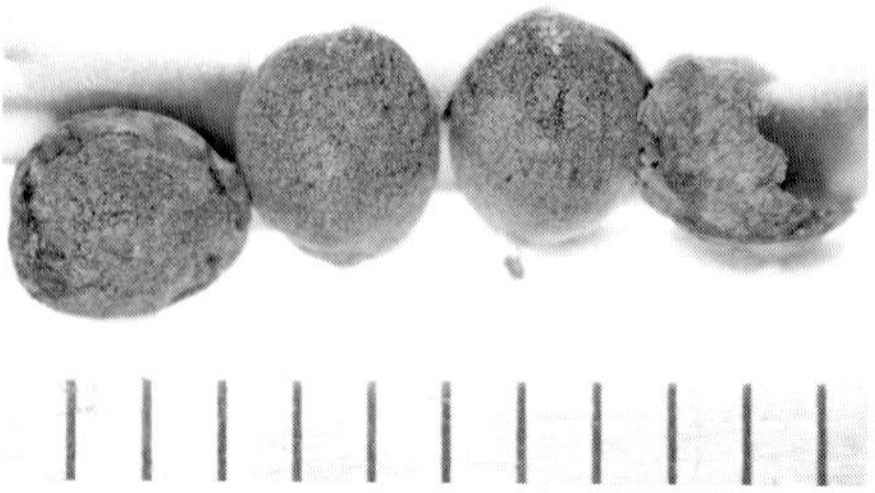

写真10　千葉県沖ノ島遺跡出土　アサ果実
スケールは1mm. 筆者撮影.

## 縄文時代のクリの管理・栽培

縄文時代の植物利用を考えるうえで、クリは非常に重要です。食用資源としてクリを利用するだけでなく建築材・土木用材としても利用するという点が、縄文時代のクリ利用の大きな特徴です。こういったクリの利用は「集中的な利用」ともいわれ、森林資源を対象とした非常に特殊な新石器時代の文化だといわれることもあります。これは１９８０年代以降に縄文時代の植物利用に関する学際的な研究が進み、遺跡から出土する種実や花粉、木材を調べる研究の蓄積によってクリの利用傾向がわかってきた成果です。

縄文時代前期以降のとくに東日本の遺跡で、建築・土木用材としてクリが多用されているという事実は、かなり明確になってきました。吉川昌伸さんらの研究によれば、青森県三内丸山遺跡でも、人が居住していたころにクリの花粉が増加する傾向がわかっており、遺跡周辺にかなり多くのクリが存在していたと考えられています（図２）。歴博にも三内丸山遺跡の集落模型がありますが、住居など

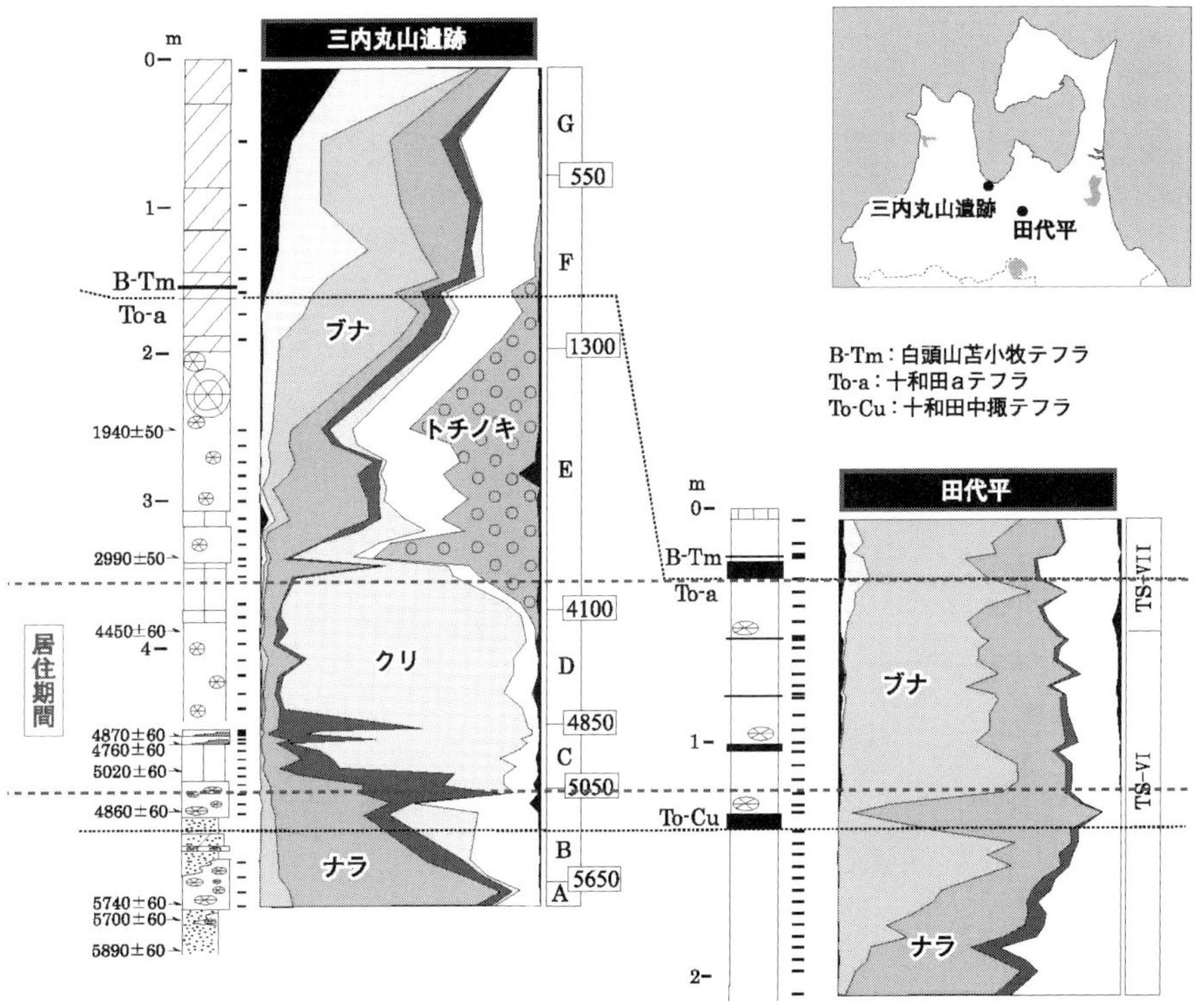


**図２　青森県三内丸山遺跡の植生変化と集落との関係**
吉川ほか（2006）を元に作成した図（能城，2014）.

の周辺にある木はおそらくほとんどクリだったのではないかと解釈しています（写真11）。縄文時代の人々は狩猟採集民で野生植物資源を利用するだけだと考えている方も多いかもしれませんが、有用植物に関しては、縄文時代にも意識的な保護や移植、放置的な栽培が普通に行われていたのでしょう。

三内丸山遺跡では直径１mものクリ材を用いた縄文時代中期の巨大な六本柱の構築物が発見されており（写真12）、石川県真脇遺跡では縄文時代晩期に巨大なクリの木を半裁し、その半裁した面を外側に向けてサークル状に配列する「環状木柱列」という特殊な構築物も見つかっています（写真13、図３）。こうした特殊な建造物・構築物にクリの巨木が用いられてい

写真 11　青森県三内丸山遺跡集落模型
国立歴史民俗博物館蔵．筆者撮影．

写真 12　青森県三内丸山遺跡
6 本柱の建物跡
三内丸山遺跡 縄文時遊館資料より．

る点も、興味深いところです。また、クリは木製品にも好まれ、縄文時代の刳り物にはクリが使われている例がいくつもあります。縄文人にとってクリは「食べて良し」、「切って良し」、「使って良し」と三拍子そろった理想的な木だったようです。

**写真 13　石川県真脇遺跡出土環状木柱列**
能都町教育委員会資料より.

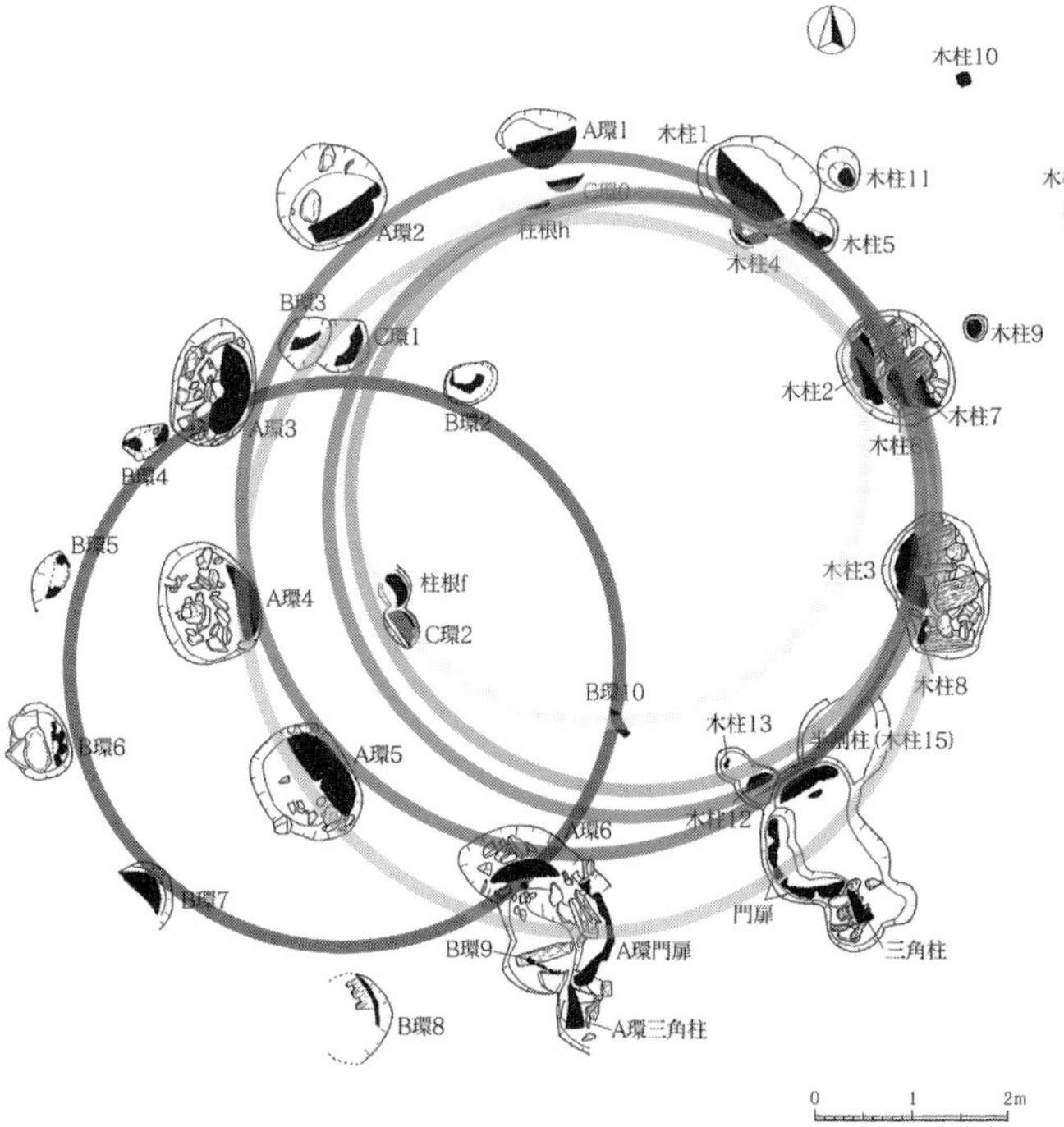


**図 3　石川県真脇遺跡出土　環状木柱列の平面図**
能都町教育委員会資料より.

## 適材適所の縄文人

縄文人の木材の利用は、「適材適所」という言葉で表現されることがあります。クリを建築部材や土木用材に使うのは、耐久性・耐湿性に富んでいるというクリの特性が重要視されたのでしょう。木材利用には現代と通じるところがあり、容器にはトチノキや木目が美しいケヤキなどが使われています。縄文時代前期の福井県鳥浜貝塚から出土した漆塗りの美しい筒形容器にはトチノキが使われており（写真14）、東京都下宅部遺跡で出土した縄文時代後期の足付きの大皿にもトチノキが使われています（写真15）。青森県岩渡小谷（4）遺跡からは縄文時代前期のウルシ製の舟形容器が出土しています（写真16）。ウルシは樹液を採るだけと思っている方も多いかもしれませんが、ウルシ材は軽くて耐湿性に富んでおり、最近までも漁網の浮子に使ったりしていました。

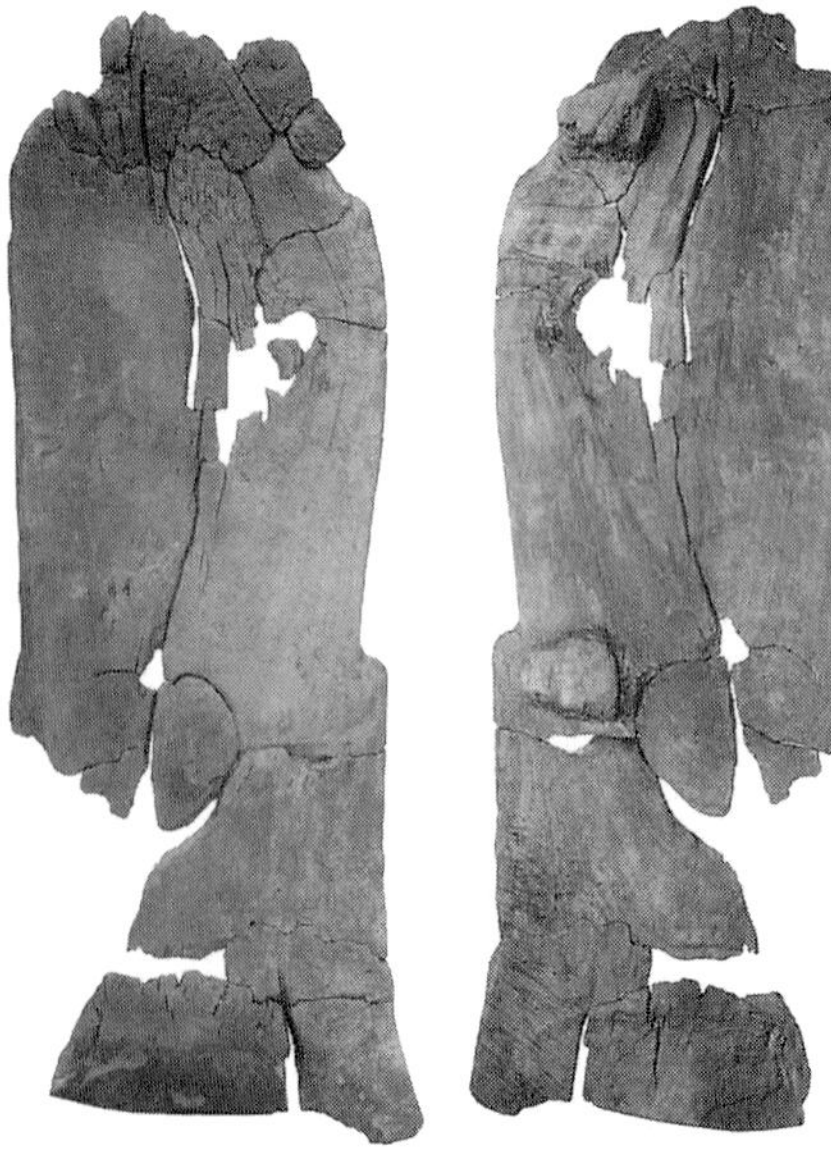

写真 15　東京都下宅部遺跡出土
トチノキ製脚付き大皿
左は表面，右は裏面．東村山市教育委員会資料より．

写真 14　福井県鳥浜貝塚出土
トチノキ製漆塗三足容器
若狭歴史博物館資料より．

そして、弓にはマユミ（樹種同定ではニシキギ属）が使用されています（写真17）。現代もマユミは弓の素材なわけですが、飾り弓といって装飾されている縄文時代の弓にはマユミが多く使われており（カバノキ属やムラサキシキブ属などもある）、丸木弓にはイヌガヤが多く使われています。イヌガヤも非常に反発力が強く、弓の素材としては優れたものですが、そういった素材をしっかり選択して利用しているのです。

縄文時代の装飾品には、木製の櫛があります。鳥浜貝塚から出土した約６１００年前の漆塗りの櫛は、１本の木から削り出してつくっている櫛（刻歯式櫛）で、全面赤漆塗りがされた非常に美しい資料です（写真18）。縄文人はヤブツバキを用いてこの櫛をつくっています。鳥浜貝塚では、石斧の柄

**写真 16　青森県岩渡小谷（4）遺跡出土ウルシ製舟形容器**
青森県埋蔵文化財センター資料より.

**写真 17　東京都下宅部遺跡出土ニシキギ属製飾り弓**
東村山市教育委員会資料より.

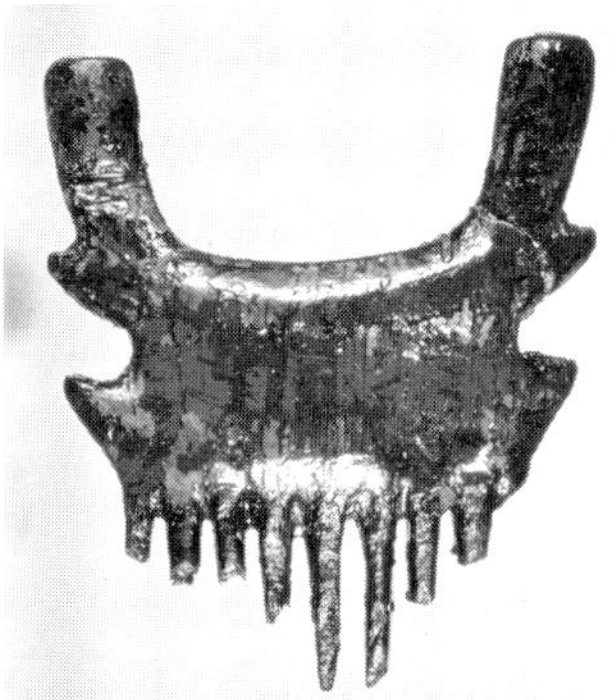

**写真 18　福井県鳥浜貝塚出土刻歯式堅櫛**
若狭歴史博物館資料より.

にユズリハが数多く使用されているのですが、ヤブツバキも石斧柄に使われています。

写真19はくらしの植物苑にあるヤブツバキです。縄文時代の人々も冬にはヤブツバキの花の美しさを愛でることもあったのかもしれません。その一方で、「このヤブツバキの木のこの部位を削り出したらいい櫛がつくれるんじゃないか」とか、「この枝の部分で切ったら、石斧柄がつくれそうじゃないか」などといろんなことを思い描きながら、縄文人もヤブツバキという木を見ていたのではないだろうか、と想像してしまいます。

**写真19　ヤブツバキ**
くらしの植物苑にて筆者撮影.

## くらしの植物苑に行こう！

縄文時代の人々はさまざまな用途でいろんな植物を利用しており、木材の特性合わせたような樹種の選択も行っていることがわかりました。今回取り上げただけでもクリやウルシ、ヤブツバキ、ケヤキ、ユズリハ、ノビル、ツルボ、ニワトコ、マユミ、イヌガヤなど、さまざまな植物があります。ただ、「植物の名前を言われてもどんな植物なのかわからないよ」という思う方も多いかもしれません。さらに、どんな部位を縄文人が利用してるのかを想像するのは難しいことです。

それではどうしたらいいのでしょう。辻誠一郎先生ならこんなふうにおっしゃるかもしれません。

「くらしの植物苑に行けばいいじゃないか」と。歴博のくらしの植物苑は非常に特殊な展示施設で、人の文化にかかわる植物が取り上げられていて体系的に整理されている植物の展示は他の博物館や植物園ではなかなかありません。

くらしの植物苑には、縄文時代の人々が利用した植物がたくさんあります。実際の植物を観察しながら、縄文人の植物利用の文化を知ることができるという点では、くらしの植物苑はとてもよい場所です。私は「そういった点をぜひ皆さんにも知ってほしい」と考え、「くらしの植物苑で縄文人の植物利用を知ろう」というワークシートをつくりました。このワークシートは、くらしの植物苑にある20種類の植物を紹介しつつ、縄文時代の人々が利用した植物に触れられるようになっています（図４）。

歴博に来る機会があったら、ぜひこのワークシートを使いながらくらしの植物苑を散策し、縄文人の植物利用について考えてみてください。普通の植物園では絶対に展示されていないような、縄文人が利用した野生のマメであるツルマメやヤブツルアズキも展示されています。最近はツルマメやヤブツルアズキが縄文時代に栽培化され、ダイズやアズキになったということも研究されています。

辻誠一郎先生は、「くらしの植物苑はさまざまな文化がぎっしり詰まった玉手箱だ」とおっしゃっていました。もちろんそれは縄文時代にも当てはまることです。これを機会にぜひくらしの植物苑に足を運んでいただけたらと思います。

「くらしの植物苑」で縄文人の植物利用を知ろう
国立歴史民俗博物館
くらしの植物苑
案内図
くらしの植物苑には，縄文人が食べたり道具に使ったさまざまな植物があります。縄文人が利用した植物を探してみてください。
東屋
券売所
入り口
1
縄文人は果実を食料にしました。木材も好んで使い、竪穴住居の柱はほとんどこの木でした。最近まで線路の枕木に使われていたほど、とても丈夫な木材です。
2
冬を彩る鮮やかな紅色の花を付けます。縄文人は木材を斧の柄に使ったり，一木から削りだして優れた漆塗りのくし（かんざし）を作っています。
3
この木のドングリは煮沸してアク抜きをしないと食べられません。1万年以上前から縄文人は土器で煮て，食料にしています。木材は竪穴住居の柱にも使われました。
4 （季節限定）
球根状の鱗茎（りんけい）や葉が食用になります。野生のネギの仲間です。鱗茎を集め，蒸し焼きなどにして食べていたようです。（夏～秋には見られなくなります）

**図 4 「くらしの植物苑で縄文人の植物利用を知ろう」ワークシート（1 枚目）**

筆者作成．植物苑には全部で 4 枚のワークシートがあります．

## 参考文献

岡田康博（2014）『三内丸山遺跡─復元された東北の縄文大集落─』同成社
川口市遺跡調査会（1989）『赤山　本文編』川口市遺跡調査会
工藤雄一郎・国立歴史民俗博物館編（2014）『ここまでわかった！縄文人の植物利用』新泉社
工藤雄一郎・国立歴史民俗博物館編（2017）『さらにわかった！縄文人の植物利用』新泉社
工藤雄一郎・小林真生子・百原新・能城修一・中村俊夫・沖津進・柳澤清一・岡本東三（2009）千葉県沖ノ島遺跡から出土した縄文時代早期のアサ果実の14C年代、「植生史研究」17、29～33頁
小島秀彰（2016）『鳥浜貝塚─若狭に花開いた縄文の文化拠点─』同成社
鈴木三男（2016）『クリの木と縄文人』同成社
田中裕二（2016）『縄文のタイムカプセル　鳥浜貝塚』新泉社
千葉敏朗（2009）『縄文漆の里　下宅部遺跡』新泉社
辻誠一郎・南木睦彦（2007）縄文時代早期土器に付着した種実遺体、「菖蒲崎貝塚平成18年度発掘調査概報」、49～51頁、由利本荘市教育委員会
能城修一（2014）縄文人は森をどのように利用したのか、『ここまでわかった！縄文人の植物利用』50～69頁、新泉社
吉川昌伸・鈴木茂・辻誠一郎・後藤香奈子・村田泰輔（2006）三内丸山遺跡の植生史と人の活動、「植生史研究」特別第2号、49～82頁

# 3 ジャパンと呼ばれた漆器

日高 薫

私は美術史を専門にしています。美術史といいますと、古来、絵画や工芸品にはモティーフとしてさまざまな植物が描かれていまして、日本人と植物の深い関係を知ることができるのですけれども、今日は美術制作の素材として植物由来の塗料を用いる漆工芸についてのお話をさせていただきます。。さきほど工藤さん（2章）からお話がありましたように、日本人が漆塗りを始めたのは縄文時代からということで、大変古い歴史があるわけです。その後、平安時代ぐらいからは日本の特産品として、蒔絵《まきえ》や螺鈿《らでん》などの技法で装飾された漆工芸品が中国とか朝鮮とかに輸出されていたことが記録に残っておりまして、漆工芸というのは、日本を代表する工芸品であるという位置づけが早い時期からずっとあったというふうに感じています。そういう意味で、日本の植物文化のなかでも漆をめぐる文化というのは、無視することのできない大変重要な位置を占めているといえるのです。

## 信じられないほど手間がかかる！

工芸というのは手業の世界なので、たいてい人の手が丹念に使われているものですが、漆工芸の場

写真 1　ウルシの栽培

合、他のさまざまな工芸技術に比べても、人の手がかかわっている度合いが尋常ではありません。そもそも漆という塗料は、ウルシの木から採られた樹液を精製して作るわけなのですけれども、まずその樹液を採るための樹木を育てる段階（写真1）から大変手がかかっています。ウルシの木は人が面倒をみてちゃんと管理をしないときちんと育たない。それを縄文時代からやっていたということは驚きなのですけれども、樹液を採取するときにも大変手間が掛かり、さらにそれを丁寧に精製して、私たちが知っているような漆の塗料ができあがるというわけです。

漆は写真2のようにウルシの幹の部分に傷をつけま

写真 2　幹に傷をつける

して、そこから傷口をふさぐように染み出てくる樹液を少しずつ集めて利用します。漆の液が最初に出てきたときは乳白色をしています（写真3、4）。それがだんだん色が変わってきて、固まると黒っぽい色になっていきます（写真5）。この樹液のなかに一番たくさん入っている成分が「ウルシオール」と呼ばれる成分で、漆にかぶれるだとか、漆が湿度を与えないと乾かないとか、そういった独特の性格はこの成分に由来するものといわれています。

この「生漆《きうるし》」と呼ばれる採ったばかりの漆を精製して、はじめて艶のある美しい塗料が得られます。そして、たとえば、今ご覧になっているようなお椀を作る場合には、素地《きじ》作りから始まって塗りの工程があるのですけれども、本当に果てしない労力や繰り返しの作業が必要で、下地から中塗り、上塗りというような多数の制作工程を経て、やっと一つの漆器ができ上がるということになります。それ

**写真3　切れ込みを入れた直後**
一番上が今，切れ込みを入れた部分．直後の切口は白く，ここから乳白色の樹液がでてくる．

**写真4　採ったばかりの生漆**
採れたての樹液は乳白色をしている．時間がたって固まると黒くなる．

**写真5　固まって黒くなった漆**

で終わりではありません。華やかな蒔絵のような漆器には、塗りを施した後に、さらに装飾を加えるための複雑な工程を要します。このように、漆工芸というのは、現代人からの眼からみたら本当に信じられないほど人の手をかけて作られるもので、採算の合わない仕事にも感じられますが、そういう文化がずっと続けられてきました。最近はいろいろ危機的な状況もあるのですけれども、このような文化が今に伝わってるということは、何か奇跡じゃないかなと思ったりするわけであります。

## 世界に広がる漆の文化

漆工芸にとどまらず、漆を利用する文化には大変広がりがあるというのも注目すべき特色です。ウルシは、先ほどご紹介がありましたように、くらしの植物苑においては「塗る・燃やす」というコーナーに入っています。つまり漆といえば、もっぱら塗料としての側面が注目されるわけなのですけれども、それ以外にも、固まったら離れないという性格をいかして、早くから接着剤としても利用されています。また塗物の場合、漆液自体が少量しか採れないため高価なうえに手間もかかりますから、一般に高級品的な位置づけがあるわけなのですけれども、歴史を振り返りますと、高級なものだけではなく、私たちに身近な日常生活のいろいろな場面で利用されてきて、非常に幅広い用途で使われてきました。

漆は、時代的には、縄文時代からの古い歴史があります。しかし漆の広がりという観点で、今日とくに注目したいのが空間的な広がりです。日本国内はもちろんのこと東アジアそして、ヨーロッパをはじめとした世界各地に漆工芸品が輸出されていくことによって、日本の漆の文化は空間的な広がりをもつようになっていきます。それでは、日本国外にもたらされた日本の漆器とその文化の広がりについて、ご紹介をしてまいりたいと思います。

歴博では、交易品として日本から海外へ渡った漆器という歴史的な観点から、輸出漆器の資料収集を継続しています。また本館の第3展示室、近世の部屋の『「もの」からみる近世』のコーナーで、「海を渡った漆器」というタイトルの特集展示を過去2回ほど開催しました（２００８〈平成20〉年および２０１３年）（写真６）。これらの展示で紹介した漆器は、桃山時代に初めて日本を訪れた西洋人との交流によって注文され日本から輸出された漆器です。ご存じの方も多いと思いますけれども、このようにして海外にもたらされた漆器は次第に人気を呼びまして、イギリスを中心とした西洋では「ジャパン japan」という名前で呼ばれるようになります。17世紀とか18世紀の古文書のなかに「ジャパン」ということばがしばしば出てきて、それが漆器を示す用語として使われているのです。これは、磁器のことをチャイナというのに対応することばなのですけれども、日本の国名が漆器の代名詞となっていたということは、それだけ日本製の漆器の評判が高かったということを表しています。

写真６　歴博本館第３展示室の特集展示「海を渡った漆器」

## アジアの工芸技法

世界的な広がりという観点で漆工芸をご紹介するなかで、一番重要な点は、漆工芸というのはアジア特有の工芸技法であるということです。アジア以外の地域では漆工芸は発達しませんでした。なぜなら、私たちが考える漆工芸というのは、先ほどからお話ししていますように樹木から出てくる天然の植物性の塗料を用いた工芸技術ですが、それは基本的に漆を採取することができる木が生えているところでしか作ることができない。漆の木が生育可能な地域、すなわち天然の漆が採れる地域は、東アジアと東南アジアに限定されるわけです。ですから、漆器の輸出先のヨーロッパなどでは、もともと漆という塗料自体がなかったので、漆器ももちろん知らなかった。初めてみる素晴らしい工芸品ということで、絶賛されたわけです。中国製であろうと日本製であろうと、極東から来た漆器は、西洋の人にとってはアジアもしくは東方を象徴する代表的な交易品として珍重されました。

じつはそういった天然漆が採れるなかでも、さらに日本と同じウルシの木が生える地域は、東アジア、すなわち中国・朝鮮・日本・琉球に限られています。東アジアでは、それぞれ漆工芸が発達したのですが、興味深いことに各地域でいろいろな装飾技法が生まれて、異なるスタイルの装飾が発達します。主なものだけ画面上の地図の上に挙げたのですけれども、これを細かく説明していくと時間がかかりますので、詳細は省略します。

日本では蒔絵という金粉を使う装飾技法が盛んに行われ、それと螺鈿も流行するのですが、何といっても蒔絵が中心に発達しました。朝鮮半島では螺鈿が主流です。そして、中国はいろいろあるのですが、螺鈿のほかに、「彫漆《ちょうしつ》」という漆を塗り重ねてレリーフ状に彫り出して文様を表す手法が発達しました。琉球はいろいろな地域の文化が、その貿易によって交差する大変重要な交易の中継地点という性格を反映しまして、漆工芸においてもいろいろな技術が、時代をおって入れ代わり立ち代わり発達するという興味深い現象が起こっています。

## 蒔絵の誕生

そういうふうに、同じ木から採れる塗料を使ってるにもかかわらず、アジア諸国ではそれぞれの風土、国民性を反映した、独自さというか、それぞれの個性を追求した漆工芸が展開しました。そのなかで、日本の漆の加飾法の代表として金粉をまいて装飾する蒔絵という技法が発達したわけです。この蒔絵の技術は奈良時代から使われるようになるのですけれども、平安時代に技法的に完成されまして、大変素晴らしい洗練された次元にまで達したと考えられています。平安時代に技術的に完成された蒔絵は、文献で確認できる一番早い例では、10世紀の終わりぐらいから、確実に中国に向けて輸出されていたということがわかります。初めは国と国、あるいは高貴な人同士の付き合いのなかで、贈答品の一つとしてもたらされる例が多かったようなのですけれども、蒔絵の漆器あるいは螺鈿の漆器、そして螺鈿と蒔絵を組み合わせた漆器などが、中国や朝鮮半島に渡っていったということが確認できます。

12世紀ぐらいになりますと、中国、日本、朝鮮の間で、それぞれの国が作った特産品としての漆器が流通するというようなことが起こっていたようです。その背景としては、日本の蒔絵の技術が高まり、中国や朝鮮の人びとにも珍しく優れたものと歓迎されるようになっていたということがわかるわけです。

もちろん中国から日本へは、「唐物」として、中国の漆器がたくさん輸入されました。けれども、この唐物漆器、具体的には堆朱《ついしゅ》や螺鈿の漆器が盛んに輸入されるようになる中世になりますと、日本の蒔絵漆器がもう独特の美というのを完成していました。そこで、唐物としての中国漆器を珍しい舶来品として楽しむ一方で、日本の自分たちが作る和物の蒔絵漆器というのをこれに対比させながら、それぞれの良さを楽しむというような鑑賞の仕方が定着するようになります。このように、東アジア内でさまざまな漆器が流通する状況においては、それぞれの文化で育った多彩な漆工芸の一つとして、日本製の蒔絵漆器が高く評価され歓迎されていたと考えられます。

## ヨーロッパで流行した日本の漆器

さて16世紀の半ば、初めてポルトガル人が日本にやってきて、西洋人との出会いがありました。それからほどなくして、おそらくポルトガル人の宣教師が日本の職人に依頼をして、自分たちのために漆器を作らせたのが漆器輸出の始まりと推測されています。16世紀の後半には、そういった西洋人の注文による漆器が、それまでのアジア内の流通の範囲を超えて、インドだとかヨーロッパに輸出されたということが確認できます。この時期に作られたのが「南蛮漆器」と呼ばれるタイプなのですけれども、それまでの日本国内の漆器とは、だいぶ雰囲気の違うものが輸出されていきました（写真7）。日本から西洋人の注文によって輸出された漆器は、最初はポルトガル人の注文が中心でしたが、このほかスペイン人やイギリス人、オランダ人も若干扱っていたことが知られています。よく誤解されやすいのですけれども、ヨーロッパの諸国が注文して船に積み込んだ日本製の漆器は、ヨーロッパだけではなく、船が立ち寄る途中の地域、すなわちインドであるとか、あるいはスペイン船の場合はメキシコのほうを経由しましたので、そういった地方にも運ばれて、貿

**写真7　ヨーロッパへの輸出用に作られた南蛮漆器**
国立歴史民俗博物館蔵.

易商品として受容されました。つまり、ポルトガル、スペイン、イギリス、オランダから、ヨーロッパ、あるいはヨーロッパからちょっと外れた地域、インドや中南米にも、日本製漆器が流通するようになったということで、世界のかなり広い地域で日本製の漆器が知られるようになっていきます。

江戸時代になりますと、オランダのみが日本に来ることを許されるようになったということで、漆器の輸出は、主としてオランダ東インド会社を通じて行われることになります。写真8のような輸出

**写真 8　山水蒔絵小箪笥**
国立歴史民俗博物館蔵.

**写真 9　ヒンローペン家紋入山水人物蒔絵大皿**
国立歴史民俗博物館蔵.

漆器は、当時の王侯貴族、富裕階級の人気を得まして、japanという呼称を生むぐらい流行することになるわけです。ヨーロッパの宮殿だとかお城に行きますと、日本製のキャビネットをよく見かけるのですが、日本で作られたのは上の棚の部分だけで、台座のスタンドの部分はヨーロッパで作り足して組み合わせています。ゴージャスな西洋風の室内装飾のなかに、黒地に金蒔絵の装飾のある漆器がぴったりとマッチするという感じになります。

貴族の女性の肖像画の背景に描かれた広間に、日本製と思われる黒い漆のキャビネットが対で並べられている絵画もありまして、貴族の邸宅のなかに日本製漆器が、私たちには想像できないような趣きで使われていました。こちらはたいへん有名なフランスの王妃マリーアントワネットが収集していた漆器のコレクションに含まれる漆器です。こういったさまざまタイプの漆器が輸出されていきました。写真9～12のように、歴博も所蔵品がたくさんございます。

**写真10　山花草花蒔絵書物机**
国立歴史民俗博物館蔵.

**写真 11　花鳥螺鈿大型円卓**
国立歴史民俗博物館蔵.

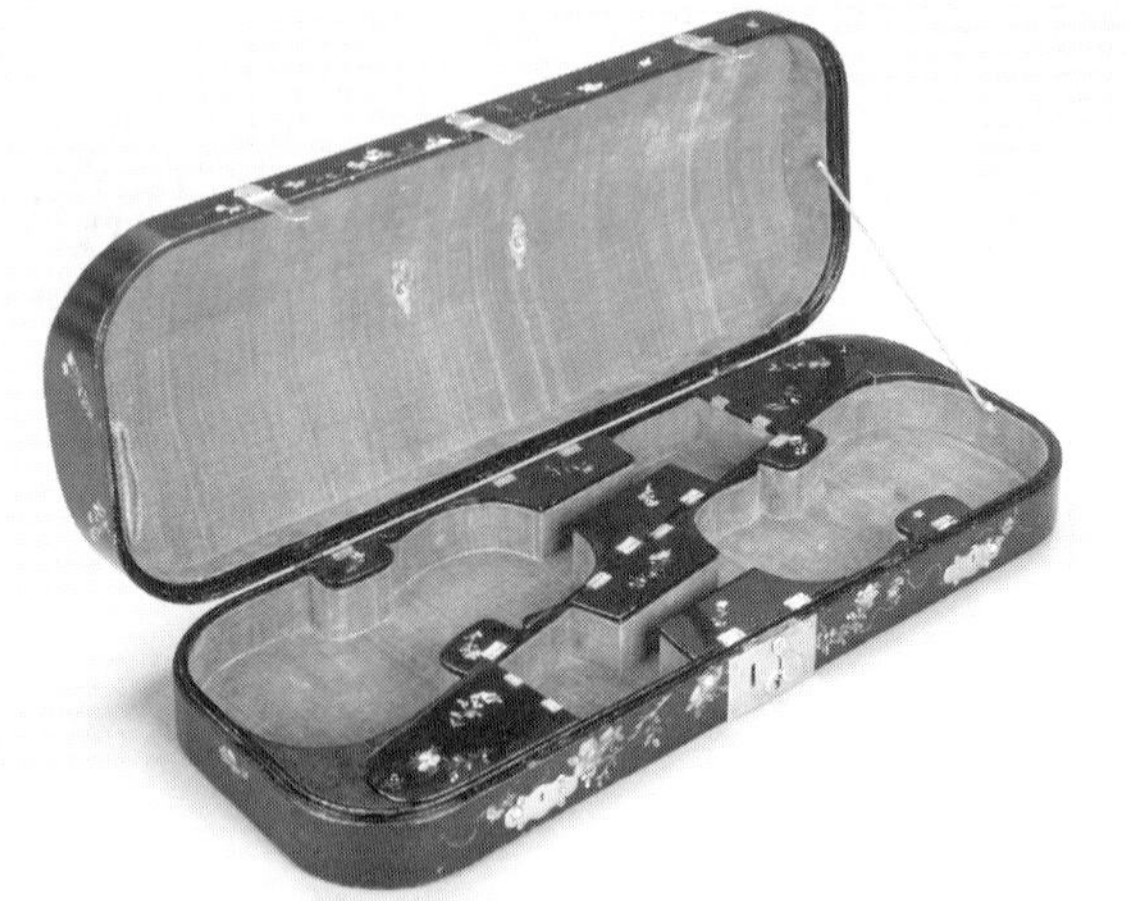

**写真 12　花鳥螺鈿ヴァイオリン箱**
国立歴史民俗博物館蔵.

**写真 13　サンクト・ペテルブルク風景図蒔絵プラーク**
国立歴史民俗博物館蔵.

**写真 14　上の蒔絵の元となった西洋の銅版画**
致道博物館蔵.

写真13～16は西洋の銅版画の図柄を蒔絵の技法で写した例です。

このような日本製漆器が、西洋人からどのように評価されていたかといいますと、文献資料には、技術的に優れていることが繰り返し指摘されています。たとえば、

この樹（ウルシ）はまたシナ、カウチ（交址）、カンボージャおよびシアン（シャム）にもある。しかし、これらすべての民族のなかでも日本人はこの技術に卓越していて、きわめて器用なので、この漆でいろいろな物を作るが、それは光り輝く滑らかな革でできているかのように見える。（ジョアン・ロドリゲス『日本教会史』）

日本では、望みのものを何でも、大変良い出来栄えで手に入れることができる。（1610年、バンタム長官ジャック・レールミットから、オランダ東インド会社十七人会宛の書簡）

**写真 15　フリードリッヒⅡ世肖像図**
**蒔絵プラケット**
国立歴史民俗博物館蔵.

**写真 16　上の蒔絵の元となった**
**西洋の銅版画**
パリ国立図書館蔵.

ここ(トンキン)で作られた漆器は、他の地域で作られた漆器に少しもひけをとらない。しかし、日本だけは例外である。日本製漆器は世界中で最高のものと思われる。おそらく日本の漆の樹木が、トンキンの漆の木より優れているのだろう。（1697年、ウィリアム・ダンピア『新世界周航記』）

このように、日本以外の漆器の産地と比べている文章が残っています。さまざまな漆器を生産しているアジアの他の地域と比較して、日本製が優れているという記述が文献資料の中に目立つようになるのです。トンキンというのはベトナムのことです。日本製漆器を中国製やベトナム製の漆器と比べて日本製漆器の優位性を訴えるというステレオタイプの褒め方というのが、西洋人の記録のなかにできあがっていったような様子がみられます。

## 漆への無理解

さて、そのように評価が高かった日本製漆器なのですけれども、しかし、理解されていなかった側面ももちろんあります。そもそも当時の多くの西洋人たちには日本製、中国製などの漆器を区別する鑑識眼がありませんでした。ほとんどの人は日本製のものも、中国製のものも区別がつかなかった、あるいはヨーロッパで作られた模倣品のことも認識できなかったのです。そういうわけで当時受容された漆器の製作地について、ヨーロッパの財産目録などに記述されていても、「インドの」とか、「東インドの」とか、「中国の」というように、さまざまな形容詞がくっつけられていて、正確な理解がなされることは少なかったようです。

それに、漆という塗料そのものに対する知識がたいへん劣っていまして、当時の人たちは漆という塗料が何であるかということが根本的にわかっていなかったのです。なかにはジョアン・ロドリゲスの『日本教会史』の記述のように、例外的に、「漆とはある種の木から採る樹脂のワニスのことである」と書いて、かなり正確に説明するものもあるのですが、ほとんどの場合は漆が木から採られる樹液で、その木がヨーロッパでは生えないのだという基本的な認識がありませんでした。

## 漆とラッカー

そこで西洋人たちはどうしたかといいますと、ヨーロッパにすでにあった技術や、いろいろな材料を使って工夫を加え、模造漆を作ろうという努力をしました。本来、天然漆、木から採られる漆としては、日本・中国・朝鮮・琉球で採れる漆の他に、ベトナムのアンナンウルシといわれるタイプと、タイやミャンマーで使われるタイプとの3種類が挙げられるのですが、これらすべてがヨーロッパでは生育しない樹木であったために、ヨーロッパではまったく異なる材料を調合して模造漆を作りました。その模造漆のことを「ジャパニング japaning」というふうに呼ぶ場合もあります。

そうした技術を用いて、各地でさまざまな偽物というか模倣品が作られました。すでに17世紀の初め頃に南蛮漆器の模倣品がインドの模造漆によって作られています。あるいは、江戸時代に盛んに輸出された日本製のキャビネットを模して、ドイツの有名なジャパニング作家が、素晴らしい日本風のキャビネットを作っています。もうこれ、写真で見ただけでは、私も区別はつかないぐらいそっくりですが、漆では作られておらず、人造漆で作られています。

西洋の人造漆は、そういう工夫のなかで作られたために、レシピがいろいろあって、それが秘伝だったりするために、工房や地域によって調合する材料やそれらの割合には違いがあって、全部が同じ作り方ではありません。ただほとんどすべてに共通して使われる材料は、「シェラック」といわれるものです。シェラックというのは皆さんもご存じのカイガラムシの一種であるラックカイガラムシという虫の分泌物を抽出して採ったもので、そのシェラックを主成分とする塗料が、「ラッカー」とか「ラック」と呼ばれています。ラッカーという英単語はシェラックのラックとつながるわけなのです。サンダラックというモロッコ辺りに生育する木から採った成分を調合することもあるのですが、多くはシェラックという、植物ではない虫から採られた物質を主成分として使ったものです。このシェラック起源のラッカー塗装の技術は、じつは日本製漆器が輸出されるようになるより前から行われていたものですが、アジアから日本製・中国製などの優れた漆器が渡ったことをきっかけに、もともとあった技術を応用して似たような漆器を自分たちも作りたいという流れのなかで、技術が成熟していきました。

多くの実例をみていただくとわかりますように、「ラック」「ラッカー」の工芸品のなかには、色や装飾スタイルが日本製・中国製の漆器とはまったく違うものも含まれます。たとえば人造大理石を作るときに、表面に塗られるのもラッカーであり、世界中には、幅広いラッカーの文化というのが発達したことがわかります。

## ジャパンとは何か

最初にとりあげた「ジャパン」ということばについてもう一度触れます。じつはこのジャパンということば、17〜18世紀の古文書のなかに出てくる古語は、日本の「漆」と同義ではありません。それは当たり前のことで、もともとヨーロッパには漆がなかったので、「漆」という概念そのものがなかったわけです。その代わりシェラックなどを用いた人造漆の文化が、日本の漆が入ってくる前から存在しました。

というわけで、当時「ジャパン」ということばで示されているものは、東アジア製の天然漆による漆器も含みまれますが、それと同時に西洋やその他で作られた人造漆の漆器のことも、すべて「ジャパン」と呼んでいたわけです。現代英語の「ラッカー」も定義としてはそれに近いことばで、すごく広い意味をもつのです。

私たち日本人にとっては、漆と人造漆・模造漆はまったく別のものですから、模造漆は「紛い物の漆」というイメージですが、ヨーロッパの人にとっては、そうではありませんでした。彼らは、東洋から来た漆の文化に触発されて、ジャパン、ラッカーの文化を拡大していったのです。日本から海を渡った漆文化の種は、世界各地に広まって、代わりに植物ではない材料を使ったより広い文化を育てたことになります。

さまざまな側面を持つ漆文化なのですけれども、数年前から考古・民俗・歴史・美術そして植物学をはじめとする自然科学といったさまざまな分野の方に入っていただいて、共同研究を進めてまいりました。２０１７（平成29）年の夏に、縄文から現代までの豊かな漆文化を紹介し、日本人と漆のかかわりについて考える企画展示を開催する予定ですので、ぜひいらしていただけたらと思います。私は歴博本館の展示をやることが多いのですけれども、辻先生もおっしゃってましたように植物苑と本館の展示というのをもう少し今後リンクさせていくような努力をしたいと思っています。

# 第Ⅱ部　季節の伝統植物

第１回「伝統の朝顔」展

# 4　伝統の桜草――レスキュー　さくらそう

茂田井　宏

さくらそう（*Primula sieboldii*）には野生原種と園芸品種があります。植物名は通常はカタカナで表記しますが、江戸時代から桜草の名称で園芸で親しまれてきましたし、近年各地で盛んになっている保全運動では「さくらそう」と表記されることが多いので、本章では「さくらそう」と表記します。まずは野生原種、次いで園芸品種のさくらそうについて、それぞれの保全状況をご紹介します。

## 野生原種の状況

野生原種のさくらそうは、埼玉県田島《たじま》が原や浮間《うきま》圃場、桐生《きりゅう》市新里《にいさと》地区、軽井沢などに現在も群生して自生しています。これら自生地は、地域の環境保護の一環として保全（保全地と自生地外保全地）されるようになりました。その結果、復活の傾向にあります。

環境省のレッドデータブックの「絶滅危惧種」のカテゴリーにおいて、当初は危急（ＶＵ）の評価でありましたが、２００４年以降は低リスクと判定され、２００７年には「準絶滅危惧種」に下がりました。準絶滅危惧種はＮＴ（Near Threatened）と表記され、存続基盤が脆弱な種、つまり現時点での絶滅危険度は小さいが、生息条件の変化によっては「絶滅危惧に移行する可能性のある種」という位置づけです。

今後も、保全地において保護柵の設置や乱獲の禁止に努めれば、絶滅危惧種としてのステータスはさらに下がると期待されています。留意すべき定性的な要件は次のとおりです。

(a) 個体数が減少している。
(b) 生息条件が悪化している。
(c) 過度の捕獲・採取による圧迫を受けている。
(d) 交雑可能な別種が侵入している。

「環境省レッドリストカテゴリーと判定基準」(2012)より

これらの点に留意して保全していけば、さくらそうは絶滅危惧種にならないと思われます。

## 野生原種の品種の問題

野生原種は遺伝子的に固定されていません。特別の品種を除き、花色・葉片からの識別は困難です。たとえば、江戸時代からさくらそうの自生地として知られている荒川流域においては、代表的自生地の田島が原・浮間・戸田《とだ》が原は距離にして直径10㎞の円の範囲に収まります。その流域で、江戸時代から色変わりの品種が珍重され、趣味家により採取され、地域名称がつくられてきました。現在まで名前の知られている品種名は、田島白、田島紅、錦が原、(以上田島が原起源)、戸田白、戸田赤、戸田桃、戸田絞(以上戸田が原起原)、浮間紅、浮間白、五台紅《ごだいこう》、浮間の光(以上浮間が原起原)など

**写真1　野生種のさくらそう**
湿原の一部(左写真中央)に開花している．原生地の一つ，埼玉県田島が原にて．

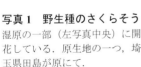

があります。

くらしの植物苑にも野生のさくらそうのコレクションがありますが、産地名はあてにならない場合が多いです。取得先は現地のお土産店かもしれませんから。つまり、野生品種は変異体の集団なので、

**写真 2　「くらしの植物苑」の桜草花壇**
上は拡大したもの．青木隆浩撮影．

厳密に規定すれば一種類なのかもしれないのです。野生品種保全のためにも、趣味家の嗜好心を刺激して野生品種栽培をあおるような展示は控えるべきと思います。

保全地のさくらそうの増殖も、実生《みしょう》によるものも多いと思われます。やはり変化しないように保全するには、株分けでの増殖にシフトした方がよいと考えています。

## 園芸品種は危機的な状況

保全という点でとくに問題なのは、園芸品種です。園芸品種は実生から作出されています。大まかに分けると古花《こばな》と新花《しんばな》があります（便宜上、新花は明治以降の品種、古花は明治以前の品種と定義します）。

古花と呼ばれる園芸品種は、江戸時代後半の小氷期《しょう》に作出されました。そのため寒さに強い栽培特性をもっていますが、反面、暑さや乾燥に弱く、近年の温暖化（地球温暖化および都市とその周辺の温暖化）によって栽培が難しくなり、品種が消失するケースが増えています。

栽培品種の苗の配布・普及を担ってきた各地の「さくらそう同好会」も、後述のように最近は入会者が減少して、栽培の難しい品種が消失した場合、再入手が困難になってきています。インターネットで容易に株を入手できるようになったものの、販売品種に限りがあり、品種名の誤りも見受けられ、正しい品種の取得が困難になっています。従来は展示会などで品種名をチェックしてきましたが、出品者も少なくなり、展示会・配布会での愛好家同士の情報の交換がしにくくなっている昨今です。

新花は主に個人が作出するため、発表してから普及まで、早くて5年以上の時間がかかるので、普及の途中で、優秀な品種でも、その間消滅してしまうものも多いと思われます。

## 園芸品種の名称の重要性

「さくらそうは名称がわからなければ、ただのさくらそう」といわれます。名称には作出者の思いと歴史が込められています。園芸品種は花弁・花の色・草姿・葉の形いずれにおいても、写真だけでの品種の同定は特別の例外を除き熟練者であっても難しく、しかも花色も花弁も栽培状況で変わります。そのため、現物をみての経験による判定がたよりになりますが、さくらそうは微妙に似た品種も多く、花色・花形・草姿だけで判定するのは困難な場合も多くあります。

判定が難しいため、栽培鉢には品種の名称を混同しないよう、名札管理（地上部に本札のほか、地下部に予備札をいれる）に気をつけていますが、植え替え時などで、必ず、札落ち（名札の紛失）や植え間違いが起こります。気づいたときは、一年経過観察でわからない場合は思い切って廃棄することになります。名称が花姿と一致していないことは趣味家にとって致命的だからです。

札落ちだけでなく、既存の品種に勝手に命名する例もあり、混乱はますばかりです。

## 全国のさくらそう会の役割

全国的規模のさくらそう会は「日本さくらそう会」と「浪華さくらそう会」です。いずれも歴史が古く、指導的立場にあります。表1にさくらそう会の主な役割を示しました。とくに正しい品種名の判定と苗の配布・普及お

**写真3　苗の配布・交換会**
野田さくらそう会.

よび趣味家の育成に大きな役割をはたしてきました。

　一方、地方にも、両さくらそう会から派生した20弱の同好会があります（表2：北海道・四国・九州は見当らない）。いずれも、会員数は、地方は50名以下の小規模の組織ですが、表1と同様な役割を果たしています。会員数は全国あわせて千数百名の規模です。

　私も全国規模の同好会二つのほか、いくつかの会に入会しています。さくらそう同好会に入会すると、苗を配布してもらい、ベテランから直接栽培などの指導を受けることができました。これらは、江戸時代の「連《れん》」（後述）の伝統を受け継いだものです。

　さくらそう同好会の入会者は、近年減少しています。かつては園芸品種は同好会に入らないと入手困難だったのですが、近年はインターネットによる通信販売で入手が容易になり、入会しなくても好きな品種の栽培ができるため、さくらそう同好会の入会者はさらに減少傾向にあります。

　栽培種の消滅が危惧される現代、さくらそうの保全と再生のために、江戸時代から継承されているＯＪＴ（on

**表1　さくらそう会の主な活動と効果**

| 活　動 | 効　果 |
|---|---|
| ① 苗の配布，交換 | 由緒のわかった品種の配布，栽培 |
| ② 栽培法の講習 | 栽培法の標準化，技術の伝承 |
| ③ 展示会の開催 | 新花の発表，品種のチェック |
| ④ 会誌の発行 | 情報交換，情報の共有化，新花の発表 |
| ⑤ 会独自の認定品種の発表 | 異論があるが，正しい品種の栽培普及 |

**表2　全国の「さくらそう会」（2016年現在）**

| | |
|---|---|
| 全国規模 | 日本さくらそう会（400名弱），<br>浪華さくらそう会（120名） |
| 地方のさくらそう会 | 仙台，那須，つくば里親会，四街道，市川，野田（53名），流山，白岡，埼玉，秩父，小鹿野，横浜，湘南，沼津，信濃，名古屋，交野，光など |

カッコ内は会員数．北海道，四国，九州には見当たらない．

the job training）のシステムである「連」の機能を復活させることが、カギになります。次節では江戸時代の「連」を詳しくみていきましょう。

## 連でのさくらそう修行

江戸時代は、さくらそうを栽培するには「連」に入門することが必須でした。「連」とは仲間、連れ、連中の略です。主力構成メンバーは御家人・旗本であり、山の手連、下谷連、築土連（九段下）、日向連（九段）が知られています。下谷連の会員は約百名といわれています。「連」は上覧を目的の競争社会でありました。優秀花をつくるため競い合ったことで、江戸時代には約５００種類の桜草が生まれました。ただし、連同士の交流はなかったため、同名異種・異名同種が多々生まれ、品種の混乱はありました。

連での栽培修行は『桜草作伝法』という本に記載されており、現代の栽培技術に通ずるところがあります。修行には表３の段階があり、コメントにあるように現代にも活用できる面が多々あります。

**表 3　江戸時代の「連」の修行段階**

| | |
|---|---|
| 第一段階 | 入門に際して，紹介者を保証人にし，苗は借用書をいれて借用．<br>＊コメント：入会届と考えればよい．品種と情報の入手のための入会． |
| 第二段階 | まずは先生にありふれた品種，五～六品を譲り受け，栽培しつつ，いろいろな伝授を受ける，栽培法を習い五～十年経験を積む．<br>コメント：ありふれた品種とは，丈夫な品種．人気品種にいきなり挑戦するのは，ベテランからみると経験不足，身の程知らずであったと思われる． |
| 第三段階 | 実生で新品種をつくると，やっと免許皆伝のお許しが出る．<br>コメント：実生はベテラン以外実施するべきでない．実生しても，似たような品種が出現するので，勝手に品種名をつけると混乱が起こるので，広い知識を持った者だけが実生を行うべきである．現代においても品種の維持管理の混乱は避けるべきであるので，連がここまで徹底したのは理解できる． |
| 最終段階 | 借用者が退会または死亡すると，花・用土・鉢が回収される．<br>コメント：さくらそうは個人相伝より連相伝であったのであろう． |

江戸時代からの伝統をふまえ、現代のさくらそうのレスキュー（保全・再生・普及）に向けて、私は次のようなシステムが必要と考えています。一番重要な機能は、苗の配布よる普及機能と展示会での品種チェック機能です。また、さくらそうの普及のためには、正しい名称の苗の配布が必要であり、そのために担当者は各種展示会を巡り、鑑識眼を養うことが必須であります。

## 未来につなぐ　さくらそう

さくらそうは商業ベースに乗りにくく、品種が消失しやすい傾向があります。歴史民俗博物館のくらしの植物苑では、たとえ特徴がない品種であっても、歴史的意義を尊重して収集・展示しています。さくらそうについても、明治以前の品種は古花として、同名異種・異名同種であっても可能な限り収集・展示して後世に継承を心掛けています。現代の新花についても、特別展示で順次紹介し、認知度を深め、普及につなげたいと思っています。くらしの植物苑の展示を通じて、さくらそうに興味をもっていただく人が増えることを願っています。

さくらそうのレスキューには数々の解決すべき問題があります。悲観的に考えると、温暖化で滅びゆく運命かもしれませんが、前向きに考えると、園芸品種に関しては、有効な解決策の一つが趣味家のさくらそう会へ多くの方が参加いただくことです。さくらそうに興味をもたれた方は、ぜひ全国のさくらそう会に入会し、栽培法を学び、正しい品質を判定できる能力を涵養しましょう。ＯＪＴこそ、品種問題などの有効な解決策と信じています。江戸時代からの「連」の機能を利用して、情報の共有化を図り、水平展開により、さくらそうが持続可能な園芸植物となることを願っています。人間関係のわずらわしさを超えて、多くの皆様の参加を期待しています。

最後に、園芸品種のさくらそうの保全対策を提言します。

・亜熱帯気候でも生育可能な品種の育種
・品種の疎開、分散
・夏場対策の工夫
・栽培方法の工夫
・気候変動下でも生き残る品種を見つけ出し、栽培普及する。

とくに実生で新花を作る方は、温暖化した環境にも適応できる、夏の暑さにも強い、丈夫な品種の作出も心掛けてください。

写真 4　くらしの植物苑　第 1 回「伝統の桜草」展

# 5　伝統の朝顔

仁田坂　英二

くらしの植物苑において「伝統の朝顔」展が始まってから17年、以降、系統の維持をしながら展示を行ってきました。毎年のように見にきてくださっている方もいます。

最初のうちは、変化《へんか》朝顔《あさがお》という従来あまり知られていなかったアサガオの存在を紹介し広めようと意識して、総論のようなお話をしてきました。途中から、植物ごとに今年の展示テーマやキャッチフレーズを決めて講演会や観察会もテーマに沿って行うようになりました。受けを狙って「朝顔の仕訳(仕分け)」や「芸をするアサガオ」といったおもしろい展示タイトルにした年もありました。「仕訳」は民主党政権が終わった後であんまり受けなかったのですけれど、「芸」はそのまま取材を受けたテレビ番組のタイトルになりました。アサガオの花とか葉が観賞価値の高い整った形をしていることを「芸」というので、それをタイトルにしたのでした。アサガオには取り上げるテーマがいろいろありますので、ネタ切れについてはまだまだ大丈夫だと思います。

一年草かつ一日花のアサガオをあれだけ揃えて、1カ月間展示をするというのは、すごく大変です。予備の鉢が裏にいくつもあって、これを毎日入れ替えています。私がお話するより、実際に栽培され

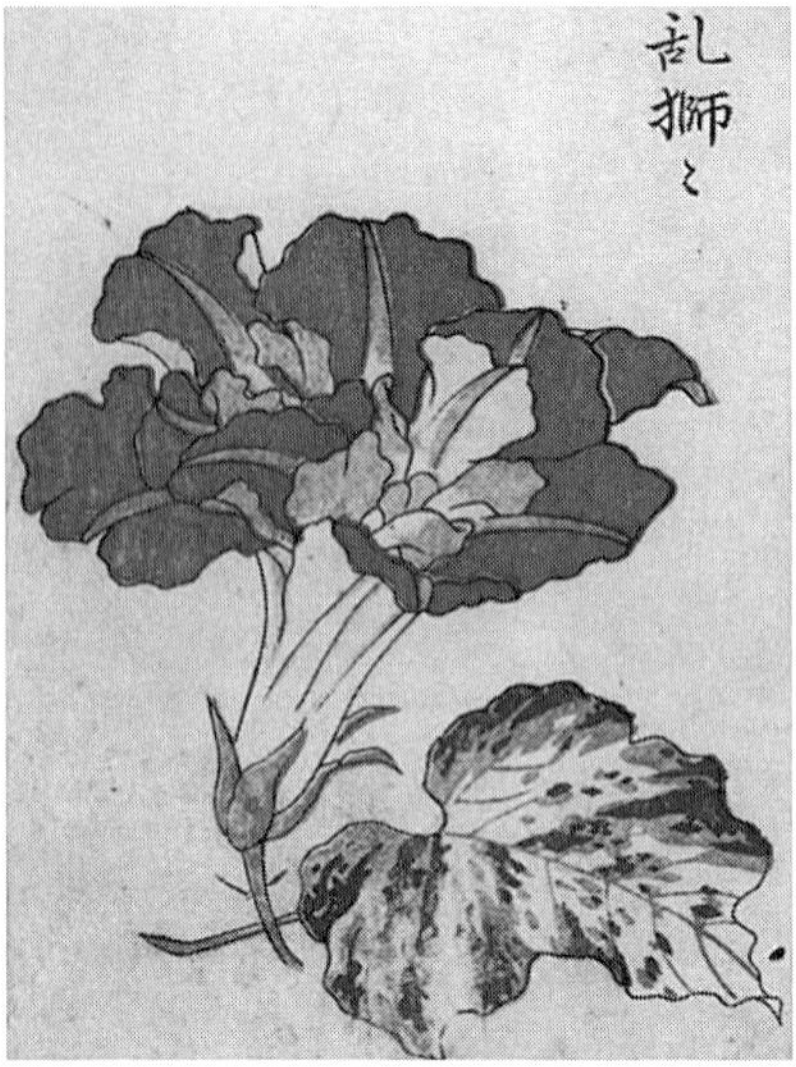


第一次ブーム：文化文政期

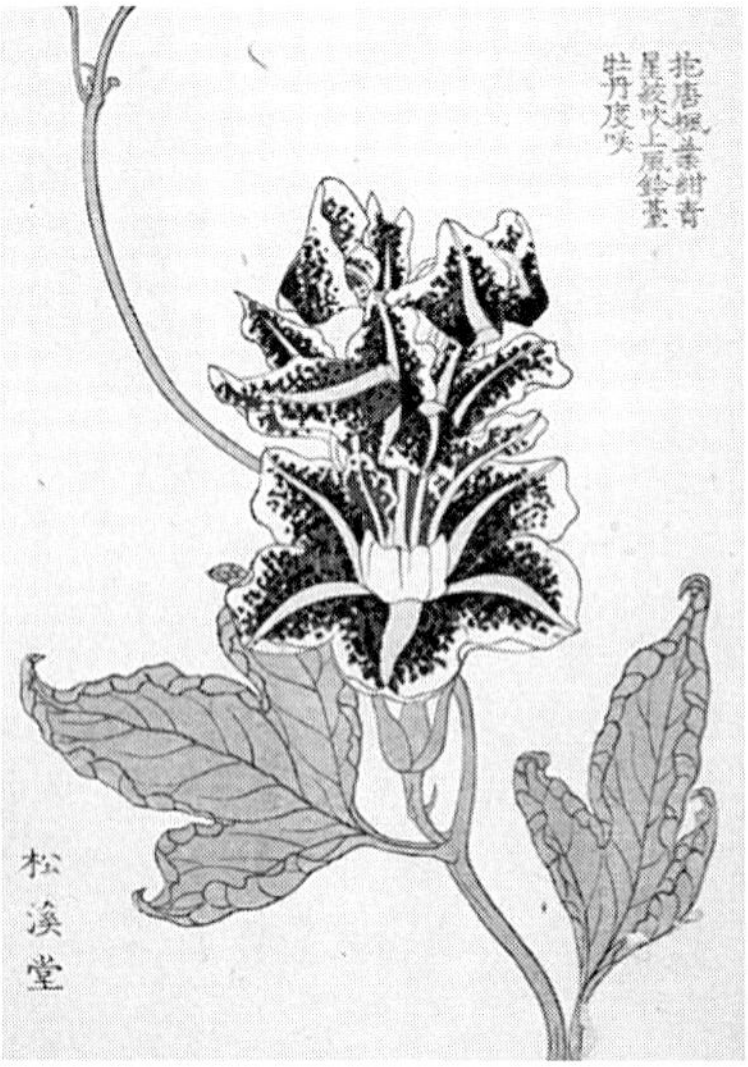


第二次ブーム： 嘉永安政期

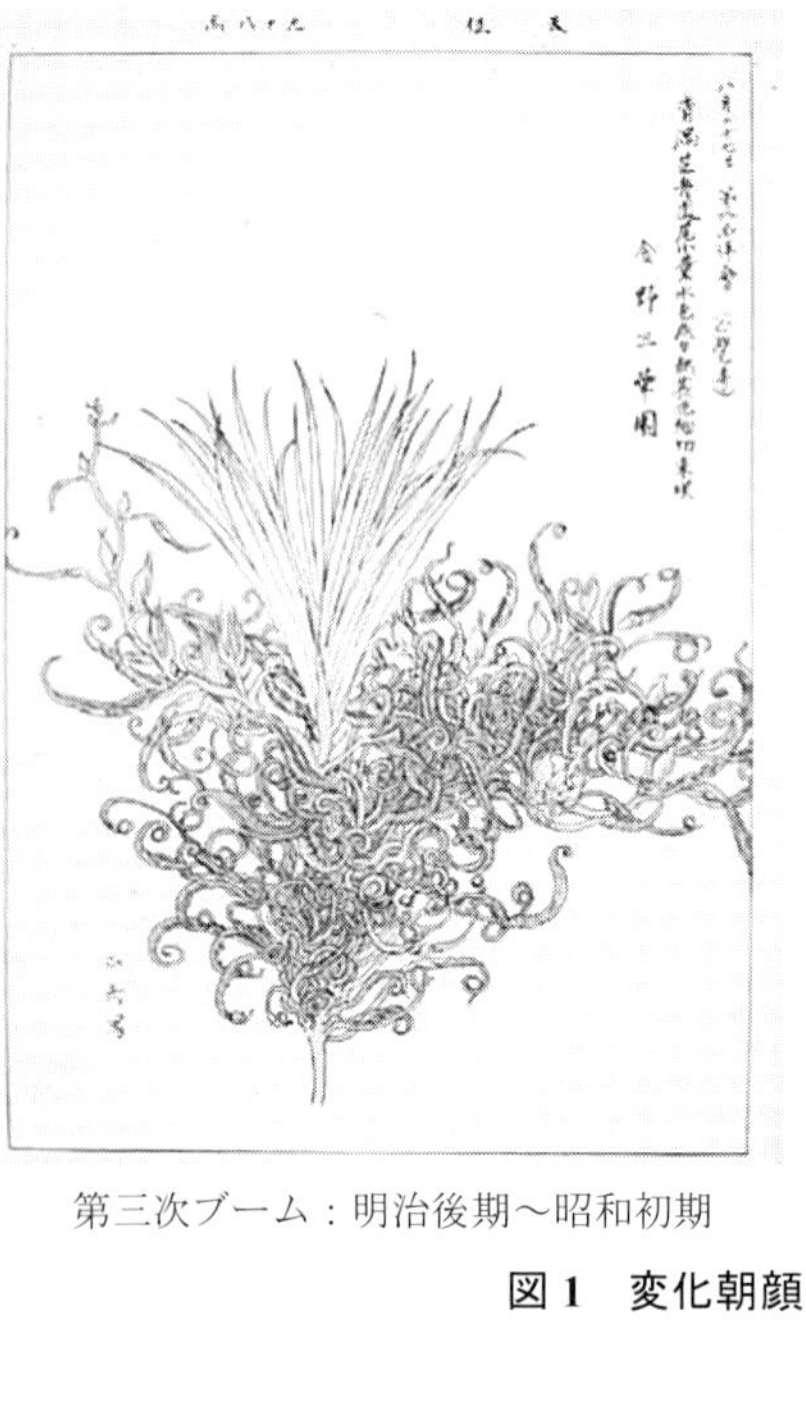

第三次ブーム：明治後期～昭和初期

第四次ブーム：平成～

**図 1　変化朝顔の 4 つのブーム**

ている方の苦労話がずっとおもしろいのですが、くらしの植物苑の「伝統の朝顔」がこれまでどのような成果を上げてきたのかご紹介することにします。

## アサガオのブームについて：第四次ブームの火付け役

変化朝顔は江戸時代の文化・文政期に最初のブームを迎え、幕末のころの嘉永・安政期に二度目のブームを迎えます。明治維新によって一度廃れた変化朝顔は、明治後期から再興し昭和の初期、戦前までにはかなり高度な朝顔が発達しました。この時期は第三次ブームと呼ばれています。

あるころから現在の変化朝顔の栽培ブームは、第四次ブームなのではないかと思うようになりました。仕掛けた側が自らブームと言ってどうすると思われるでしょうが、後で誰かがアサガオの歴史を振り返ったときに、ここ歴博で１９９９年に始まった朝顔展示から第四次ブームが始まりましたよねと言われるように、微力ながらも協力したいと思っています。図１の右下のアサガオは、私が作った「枝垂の糸柳葉采咲牡丹」です。枝垂という蔓が上に登っていかない変異は、戦後初めて見つかった変異なので、第四次ブームでしか作れない朝顔なのです。

アサガオについての手持ちの書籍を広げてみたのが図２です。上に年号を書いており、左端が第一次ブームの本です。実際には当時もっとたくさん出版されているのですが、私が持っていないだけです。文化・文政期にアサガオの本が作られ、その後もこのような書籍が出版され続けて現在に至ります。これらのいろいろなアサガオの専門書・図書の点数や内容・質から、ブームというものの実態、つまり、どの程度会員がいてどのように流行っていたのか推測できるのではないかと思います。

昭和から平成にかけては、ブームが一時期ちょっと収まってきて、歴博の図録の出版を機にまた盛り上がり始めて第四次ブームになったと思っていたのですが、書籍の出版からみるとそれほど明確ではないですね。戦後をピックアップしてみますと、だいたいはアサガオの研究者や栽培家の大御所が書いた書籍です。戦後、変化朝顔の復興に尽くし、桜草にもかかわった中村長次郎氏、伊賀上野で戦時中も保存してきた小川信太郎氏、変化朝顔研究会を立ち上げた渡辺好孝氏、遺伝研（国立遺伝学研究所）で系統保存を始めた竹中先生や静岡大学の米田先生がときどき出版しています。僕も子どものころ（昭和40年代ごろ）からすごく変化朝顔に興味を持ち始めて、新聞などによって変化朝顔の情報をずっと探していたのですけれども、当時は周りに変化朝顔のことを知っている人は誰もいませんでした。中学1年から2年のころ、渡辺氏が変化朝顔研究会を作ったのですぐに入会しました。この会は現在でも日比谷公園での展示など普及活動を続けています。

　歴博では、展示が始まった１９９９年に図録を1冊、２０００年に2冊も出版しました。他に講演会で話した内容をまとめた本や、「あさがほ叢」を解説した書

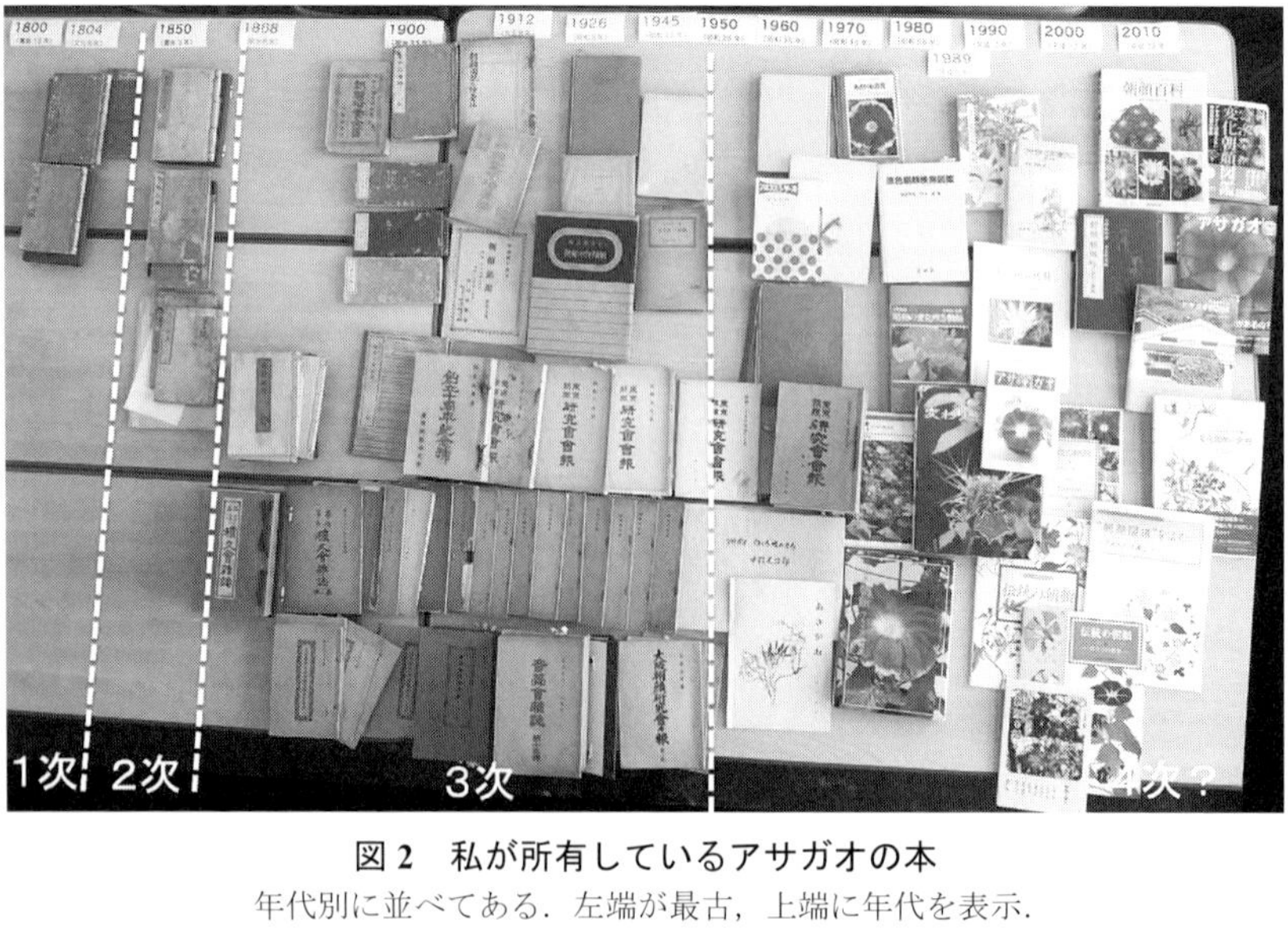


**図 2　私が所有しているアサガオの本**

年代別に並べてある．左端が最古，上端に年代を表示．

籍を入れると5冊も出ています。最初の図録（伝統の朝顔）を作ったときには、本当に大変でした。辻先生が九州大学に訪ねてこられて、今年の夏にアサガオの展示をしたい、本も作りますという話でした。歴博で会議が終わった後は、ちょっとお酒を酌み交わしながら構想を練るというのが一般的なパターンだったのですけれど、この時は、そんな時間もなくて、３日後には原稿を上げなきゃいけないので、私は好きな酒も飲まないでパソコンを叩いていました。辻先生は横でまだ終わらないの、早く一緒に飲みましょうとか言ってくださって、ちょっと鬼だなと思ったものです（笑）。

伝統の朝顔展が始まる前にも、広島市植物公園や京都府立植物園で変化朝顔を展示しているところは少しありました。私が１９９７年にアサガオの系統保存を本格的に始め、１９９９年に歴博のアサガオ展示が始まって以降、変化朝顔を展示する植物園や博物館が増えてきました。そのため、今まで見たことなかった人も変化朝顔の実物を見る機会が増え、園芸に興味がある人のなかでも変化朝顔が知られるようになり、実際に栽培する人も増えてきており、やはり世間に広がってきているのだなということを実感します。

出版物以外のブームの指標として、どのくらいの人数が変化朝顔を栽培しているかを確認してみましょう。私はもう20年ぐらいずっと一般の方にも朝顔の種子を提供し続けており、15年間の統計では重複を除くと７８９人、延べにすると2千人を超えて種子を配布しています。系統数にすると1万件を超え、粒数では10万粒ぐらい全国にばらまいているわけです。もっとも多いのが、関東圏です。他には、園芸が盛んな名古屋辺りとか、私のお膝元の福岡が多いようです。島根など人口の少ないところは少なく、関東など人口の多いところの提供数が多いのは当たり前なので、ちょっと見方を変えてみて、提供数を人口で割ってみて百万人あたりにしたものを「熱中指数」と定義してみました。するとどうでしょう、何と千葉が一番になります。これは歴博のおかげ以外の何者でもないと思います（図３）。

## 江戸時代の文献から知る当時の科学観

歴博のアサガオ展示の他の成果としまして、江戸時代の文献の翻刻が行われ図録に収録されたことも大きいと思います。私は江戸時代のくずし字はまったく読めませんので、平野さんや岩淵さんに読んでもらったものをみることで、江戸時代の栽培家の鋭い観察眼や知識の豊富さに驚かされています。

「あさがほ叢」にはアサガオの図版だけでなく、栽培方法も書いてあります。私が驚いたのは、第一次ブームの時から出物《でもの》は親木（きょうだい株）の種をまけば再現することを知っていたということです。詳しい方法は次号に譲ると書かれており、続編が出版されていないため、すべての方法を知ることはできないのですが、「采《さい》より柳葉を作る方法」の項でもわかるように、現在と同様に子葉の段階で出物を区別していたようです。翻刻された『朝顔水鏡』をみても、本葉の形と花の形に相関があるとして、対応させて図に示しています。変化朝顔で用いられている、花や葉の色や形を表すあの長い名前、「花銘《かめい》」ともいいますが、江戸時代の文政期の番付表にその走りがみられます。嘉永期には花銘のルールは確立していましたが、図譜に載っている高いレベルの出物のアサガオはいくつもの変異が重なっ

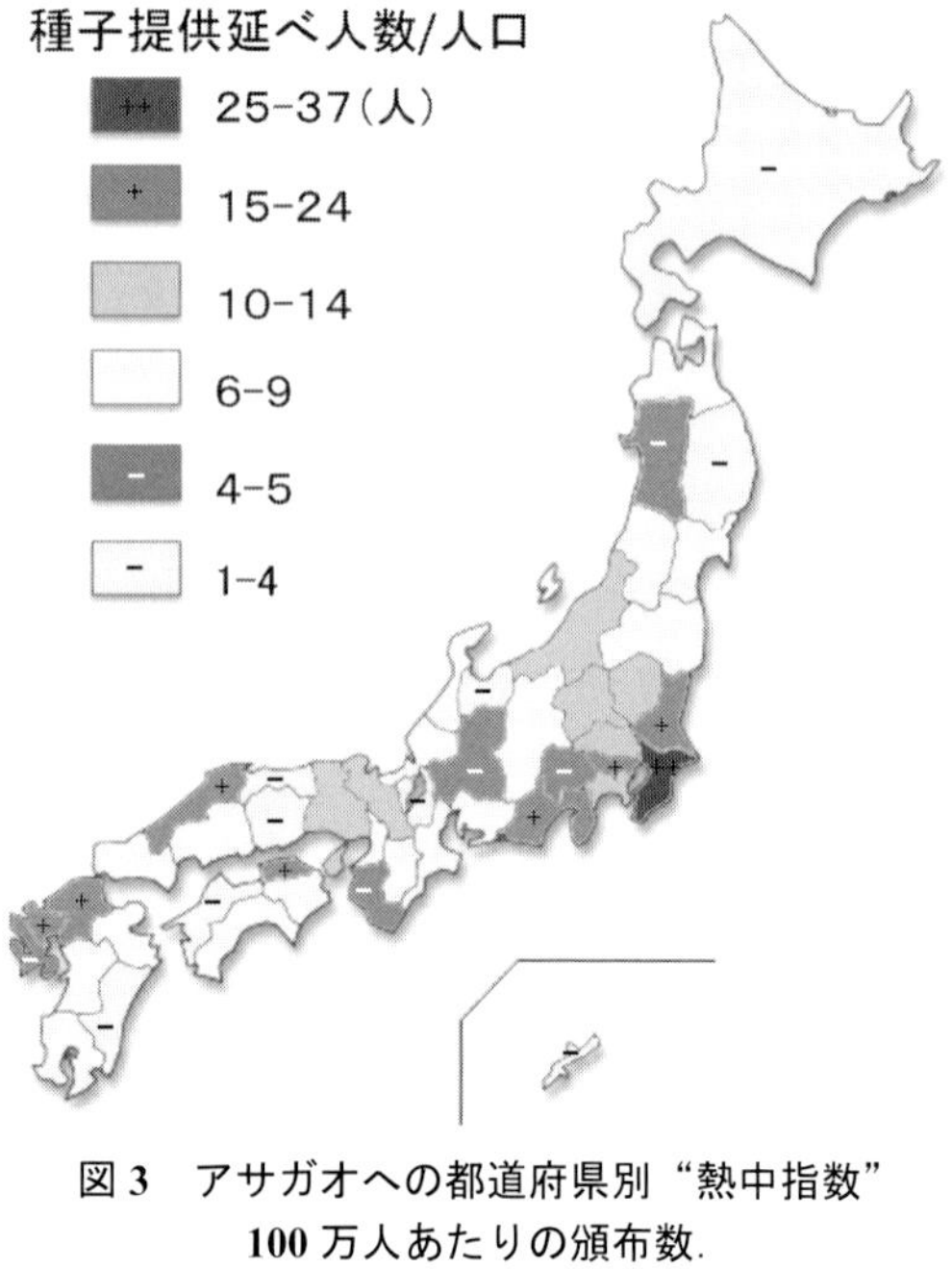


図３　アサガオへの都道府県別“熱中指数”
100 万人あたりの頒布数.

ているため、この姿形の観察だけではきちんとした花銘を作れないものもあります。そのため、きょうだい株を観察したうえで、出物というのはきょうだい株にあるような単純な変異が組み合わさってできていると習得したのだろうと思います。この考え方は、ある意味メンデルのみつけた遺伝法則に近いのですが、八百万の神がさまざまな事象を支配している日本では、自然現象に共通の法則性があるという考えはなかったと思います。そのため、江戸時代のアサガオの栽培家はメンデル以前に遺伝の法則性に気づいていたという、たまに目にする記述はミスリーディングだと思います。

アサガオの生理学に関しても興味深いことが書かれています。アサガオは種をまいた時期によらず、日が短くなることを感知して花をつける短日性植物なので、遅く播いても結局花はそれほど遅れずに咲くということを江戸時代の人はわかっていたようです。

もちろん、明らかな間違いや中途半端に理解をしているところも見受けられます。たとえば石化（帯化）というリボン状の蔓になるアサガオがあります。これは劣性変異が3重に集まったときだけ石化になり、他の出物より低い頻度でしか出現しないため、理解が難しかったようで、病気のようなもので遺伝性はないと書いています。しかし、当時の図譜にある石化をみると、石化になるために必要な変異と近い位置にある孔雀変異も持っているため、確かに現在の石化は文化期にあったものに由来するということがわかります。

他にもすごく鋭いところを突いている部分と間違って認識している部分の両方があっていろいろと興味深いのですが、やはり一番肝心な部分、植物がどうやって種子を結ぶのかという仕組みはわかっていなかったようです。

当時の栽培家の考え方で面白い点として、「大輪に咲かせようとして蔓の先を止めている（摘芯している）のがばれるのは非常に恥ずかしいこと」だとあります。今日では、ばれるどころか、大輪朝顔の栽培の基本なのですが、遺伝的なものに任せようという意志が強かったのでしょうか。私のアサガオ栽培も基本は放任主義ですので、江戸時代から同じことを言っていることに勇気づけられています。

古くから日本で発達した園芸植物は、伝統園芸植物または古典園芸植物と呼ばれています。私はずっとアサガオもその仲間だという認識でいましたが、この手の植物を集めた書籍や雑誌では昔からアサガオはほとんど取り上げられたことはありませんでした。そのため、江戸時代の栽培家は他の園芸植物とアサガオの関係をどのように思っていたのだろう、というのは昔からの疑問でした。しかし、「あさがほ叢」の序文をみると、橘（カラタチバナ）、石菖蒲（セキショウ）、万年青（オモト）、桜草とブームが移り行き、現在のアサガオのブームに至ると書かれています。つまり江戸の人々もアサガオをこれらの植物を同じように見ていたことがわかりました。他の植物で蓄積されたノウハウが変化朝顔の育種に大いに役だったことでしょう。このような翻刻された資料は当時の科学観を知るうえでも非常に役立ちますので、お持ちでない方は歴博の図録をぜひご購入ください。

## 黄色いアサガオ

歴博の3冊目の図録、「伝統の朝顔Ⅲ―作り手の世界」に、文政期に作られた押し花帳「朝かほ押華」に関連して黄色いアサガオを取り上げました（図4）。バラに青い花がないように、現在では、黄色いアサガオはありませんが、江戸時代には記録が残っています。

黄色いアサガオが重要なアイテムとして出てくる東野圭吾さんの『夢幻花』という小説があります。この本にアサガオの代表的な資料としては、「朝かほ押華」と「あさがほ叢」があると書いてありますが、じつは「朝かほ押華」は代表的な文献ではなく、ここ歴博展示の過程でみつかった資料で、この図録にしか載っていません。そのため、東野圭吾さんは歴博の図録を参考にしてこの小説を書いたのだな、と思うと感慨深いものがありました。

現在、どの程度の黄色い朝顔があるかというと、淡いレモン色程度の品種なら、いくつかありますが、多くは「吹掛絞《ふっかけしぼり》」という模様花の斑点がなくなり地色だけになったもので、どれも花弁が縮んでしまいます。また、戦後、尾崎哲之助氏がつくられた「月宮殿」という品種があり、見た人によってはすごく黄色かったといわれています。幸いなことに茨城大学で保存されていますが、少なくともこの系統は残念ながらとくに黄色いというわけではありませんでした。

江戸時代の黄色のアサガオも、「朝かほ押華」をみる限り現在の黄花と同じ変異のようですので、図譜に載っているアサガオもたまたま上手く、黄色く咲いたものではないかと予想しています。最近になって、岡崎にある基礎生物学研究所の星野先生が、遺伝子工学的にもっと黄色くて花弁が縮まないアサガオを作ることに成功しました。黄色い色素は有害なため花弁に貯まると細胞が死んで縮んでしまいますが、花弁細胞のなかの液胞に隔離してもたせると花弁が縮まなくなるようです。これは遺伝子組換え植物なのですぐに外で栽培できるというわけではありませんが、将来的に楽しみです。

**図 4　記録に残る黄色いアサガオ**
極黄采（ごくきざい）.「あさかほ叢」文化 14（1817）年.

## 遺伝子から探るアサガオの歴史

歴史を調べるために、遺跡を発掘したり古文書を調べたりします。生物の歴史もその遺伝子に書き込まれているので、遺伝子を調べることで、その生物の変異の歴史や由来が明らかになる場合もあります。

### 牡丹

たとえば、強い八重咲きである牡丹《ぼたん》と八重咲は、戦前の研究では別の遺伝子の変異だとされていました。しかし、われわれの交配実験によって同じ遺伝子の変異だとわかりました。牡丹は種ができない出物で、八重咲は種のできる正木ですが、これは雄しべと雌しべをつくるC遺伝子の変異体だと推測できたため、他の植物の情報（塩基配列）を利用して、遺伝子の構造を比較しました。すると牡丹は八重咲から派生したもので、八重咲に挿入しているトランスポゾン（動く遺伝子）が動き、遺伝子を完全に壊してしまい牡丹が生じたことが遺伝子の配列に書かれていました。

牡丹はその特徴的な形からすぐに原因となっている遺伝子を推測することができましたが、アサガオには、色や形などの形質を決めている遺伝子がおおよそ4万個あり、このなかからある変異の原因となっている遺伝子を1つ探すというのは大変な作業です。その手がかりに利用できる手段として、江戸時代に起こった変異の多くは、両端に共通の配列をもつトランスポゾンが遺伝子に挿入することで生じているという事実があります。そのため、このトランスポゾンを指標にして変異の原因遺伝子を探します。しかし、このトランスポゾンの数が数百個と非常に多く、たとえば、ある変異体では500個、正常な野生型では499個のトランスポゾンがあるという場合、どのトランスポゾンが獅子の形にするために効いているのか絞り込むには、非常に均一で変異遺伝子の部分だけが違っている材料を使う必要があります。

## 獅子

あるとき歴博の辻圭子さんから、獅子の枝変わりを持って来られた方がいると連絡を受けました。歴博で配布している種（Q438）を播いたら、もとは獅子だったはずなのに、一部が枝変わりを起こし丸咲きの花を咲かせていました（図5）。獅子については、私は枝変わりを見たことがなかったし、過去の図譜や論文にも記録がなかったのですが、やはり獅子もトランスポゾンの挿入によって起こっている変異なのです。元は1本の株なので、獅子の部分と丸咲きの部分を比べれば、獅子の遺伝子を同定することができるということで、大喜びで、すぐに歴博にその株をもらい受けに行きました。本来、獅子は種をつけませんが、丸咲きの部分から種を取ることができ、その

**図5　獅子の枝変わり株**
体細胞復帰変異体．

種を播いて出てきた野生型と獅子の株を比較することで獅子の遺伝子を1つに絞り込むことができました。この仕事で論文を書いた学生さん（岩崎）は博士号を取ることができ、現在も外国の研究室で活躍しています。

獅子というのは、ひねくれた形のアサガオです。正常なアサガオでは、表側には柵状組織、裏側には海綿状組織があり、クロロフィルが表側に多く分布しているため、表裏で葉の色が違いますが、獅《し》子《し》は葉の両側の色が濃くなっています。遺伝子をとってみたら予想通り、獅子は裏側を規定する遺伝子で、これがなくなることで裏側が表側に変化していました。あのようなひねくれた見かけの割には表裏がないというのは面白いですね。

獅子には乱獅子と呼ばれる比較的シンプルな形のものから、管弁と呼ばれる細くて葉もかなりうねっているものまでいろいろなタイプがあります。しかし面白いことに獅子遺伝子はすべての獅子系統で同じ構造をしていました。つまり形の異なる獅子は、獅子遺伝子以外に変異をもっていたのです。江戸時代の文化・文政期に最初に表れた獅子（乱獅子）は種ができる正木だったのですが、より変わった形のアサガオを選ぶ過程で他の変異を持つようになり、結果として、種を結ばない出物となったのでしょう。

その後、笹や南天など、変化朝顔のいろいろな遺伝子が明らかになりましたが、簡単にいうと、植物の形を作るうえで必要な座標軸を決めている遺伝子が壊れているものが多いということが明らかになりました。つまり、葉っぱや花の器官を作る位置を指示する基本情報がおかしくなっているため、正しい場所に器官が作られず、あのような変な形になってしまうのです。

## 立田（采）と柳

立田《たった》は、江戸時代に采《ざい》と呼ばれていました。「あさがほ叢」には、「采より柳葉を作る方法」という項目があり、采から細い双葉が出たら必ず柳《やなぎ》になるということを書いてあります。柳は立田が変化してできる同じ遺伝子の変異、つまり複対立遺伝子（アレル）だということをおおよそ理解していたわけです。立田や柳など、立田遺伝子の変異は、失われた松葉まで入れるとこれまで6種類の変異が知られていて、現在の立田変異にはトランスポゾンが挿入しておらず、変化することはありません。そのため、江戸時代にはトランスポゾンが挿入した立田があって、このトランスポゾンが動くことで柳になる変異もあったのでしょう。現在の柳と立田の関係は、「あさがほ叢」の采（立田）から柳ができるという記述とは逆で、柳はトランスポゾンが入ったままになっており、これが飛び出すことで立田に変化します。この柳が変化してできた立田（立田2）は、希に出てくるのですが既存の系統には存在せず、私が実験的に作った系統しかないというのも不思議な感じです。江戸時代から保存されてきた普通の立田（立田1）より、少しだけ表現が弱いので好まれなかったのでしょうか。

## 無弁花

現在われわれが見ているアサガオの多くは江戸時代に1回きり起こったものが大切に保存されたものがほとんどですが、最近また新しいアサガオの変異体が生まれてきています。歴博で見つかった変異で有名なのは、無弁花《むべんか》というものがあります。これは2005年の展示の際、Q607という糸柳牡丹の系統から見つかって、私も初めて見る変異でしたので、鉢を貰って帰りました。この無弁花は花弁が萼に変化し、雄しべがなく種子のできない変異、つまり出物だったのでどうやって維持したものかと考えていましたが、じつは、九州大学の畑をみたら同じ無弁花がたくさん出ていました。花弁がないため、まだ咲いていないと思って気づかなかっただけだったのです。おまけに元々牡丹ももった系統でしたので、萼《がく》だけからなる花である、牡丹との2重変異体（無弁花牡丹）も最初から出現していました（図6）。そして採種用に栽培していたこともあり、難なく親木で維持することに成功しました。花の器官を作る仕組みを説明するＡＢＣモデルというものがあります。牡丹は雄しべや雌しべの形成に必要なＣ遺伝子の変異体ですが、この無弁花は花弁と雄しべを作るために必要なＢ遺伝子の変異体です。他にもこれまで知られていなかった新しい変異体が次々と見つかってきています。

図6　無弁花と無弁花牡丹

## 出物の起源

これら一連の研究で、変化朝顔が不思議な形をしている仕組みがわかったことが大きかったのですが、他にもボーナスがありました。これまで、出物は親木を適当な本数栽培して、確率勝負で維持していたのですが、遺伝子の構造がわかると、確実に出物を隠し持っている親木が鑑別できるようになりました。これを利用して当たりの親木だけを育てるとか、出物の遺伝子をもっている株だけ交配に使うこともでき、効率よく維持や育種が進められるようになりました。また、私が幼い頃から不思議に思っていた、江戸時代に最初に種を結ばない出物が出てきたときにどうやって維持に成功したのだろうという疑問の答えも明らかになりました。これまでの話で触れてきましたが、牡丹は八重咲から変化して、獅子は基本の乱獅子に他の変異が組み合わさって、柳は立田が変化して出現したようです。つまり最初は種のできる正木として維持されて、そのなかから種のできない出物が出て一代限りで終わってしまっても、正木のきょうだい株の種子から再現することができたのでしょう。

## 今後の展望

先ほど茂田井さんが、「サクラソウは札落ちになったら何の意味もない」と仰いましたが、他の伝統園芸植物でもそうだと思います。変化朝顔の場合は、どのような変異をもつことであのような色や形をしているのか、見ればほとんどわかりますし、由来というよりもそのアサガオがもつ芸を尊重しますので、札落ちにも価値があります。もちろん、最近では遺伝子からもっている変異や由来を調べることもできるようになりました。

しかし品種名があれば、たとえば「南京小桜《なんきんこざくら》」というサクラソウが江戸時代に記録されているため、現在の南京小桜は当時生まれた最も古い品種だとわかります。江戸時代の変化朝顔は雑駁としたもののなかから観賞価値の高い出物を選んでいましたが、明治以降の第三次ブームでは系統も洗練され、分離する出物が決まっている確立した系統が多くなりました。

そのため、今後の課題として、変化朝顔も現在のように系統番号で呼ぶのではなく、ちゃんとした品種名をつけたいと思っています。系統番号は人の手に渡ると便宜的に付け替えられてしまって同じものかわからなくなってしまいます。新たにつける品種名も、たとえば獅子咲牡丹《ししざきぼたん》、つまり花の部だったら花に因んだ名前、車咲牡丹《くるまざきぼたん》（月の部）だったら天体、采咲牡丹《さいざきぼたん》（雪の部）だったら自然現象など考えているのですが、私にそんな素養が欠けているのですぐには難しいかもしれません。

歴博で再び火がついた変化朝顔の栽培ブームは、もしかすると後世で第四次ブームと呼ばれるようになるかもしれません。それにはやはり、獅子や柳、縮緬《ちりめん》に匹敵するような、観賞価値の高い、新しい変異やジャンルができればよいなと考えています。まだそんな変異は見つかっていないのですが、たとえば吹詰とか、新しい葉色、無弁花などこれまで知られていなかった変異を取り入れた変化朝顔を作ってみています。また現在ではゲノム編集といって、狙って新しい変異を起こすことも可能になりつつありますので、他の植物の知識も利用して将来、比較的簡単に新しいアサガオが作ることができるようになるかもしれません。他の面白い形質としては、アサガオは朝咲くから朝顔なのですが、米田先生によって、起源地に近いメキシコの系統から夜咲くアサガオが見つかりました。現在、この夜咲きの性質を日本の多様なアサガオに導入しつつあります。、夜更かしで早起きが苦手な昨今の若い人にも、アサガオがもっと受け入れられるようになるかもしれません（図7）。

**図 7　夜咲きの変化朝顔**
裏表紙カラー写真も参照.

# 6　伝統の古典菊

平野　恵

私は最初、朝顔の歴史からかかわり始めましたが、ここ十年ほどは菊の文化史という側面から、くらしの植物苑展示プロジェクト委員を務めています。くらしの植物苑では伝統園芸植物として、桜草、朝顔、菊、サザンカと全部で4種類を採り上げて特別企画展を行い、花の実物はもちろんのこと、毎年異なったテーマを定め、東屋にパネルを展示しております。展示図録としては、朝顔とサザンカのみで、桜草と菊は刊行されていませんでしたが、このたびくらしの植物苑20周年を迎えてようやく『伝統の古典菊』の図録（図1）を刊行しました[1]。

本日は、この図録原稿の補足と、11月の展示パネルの内容をお話しします。

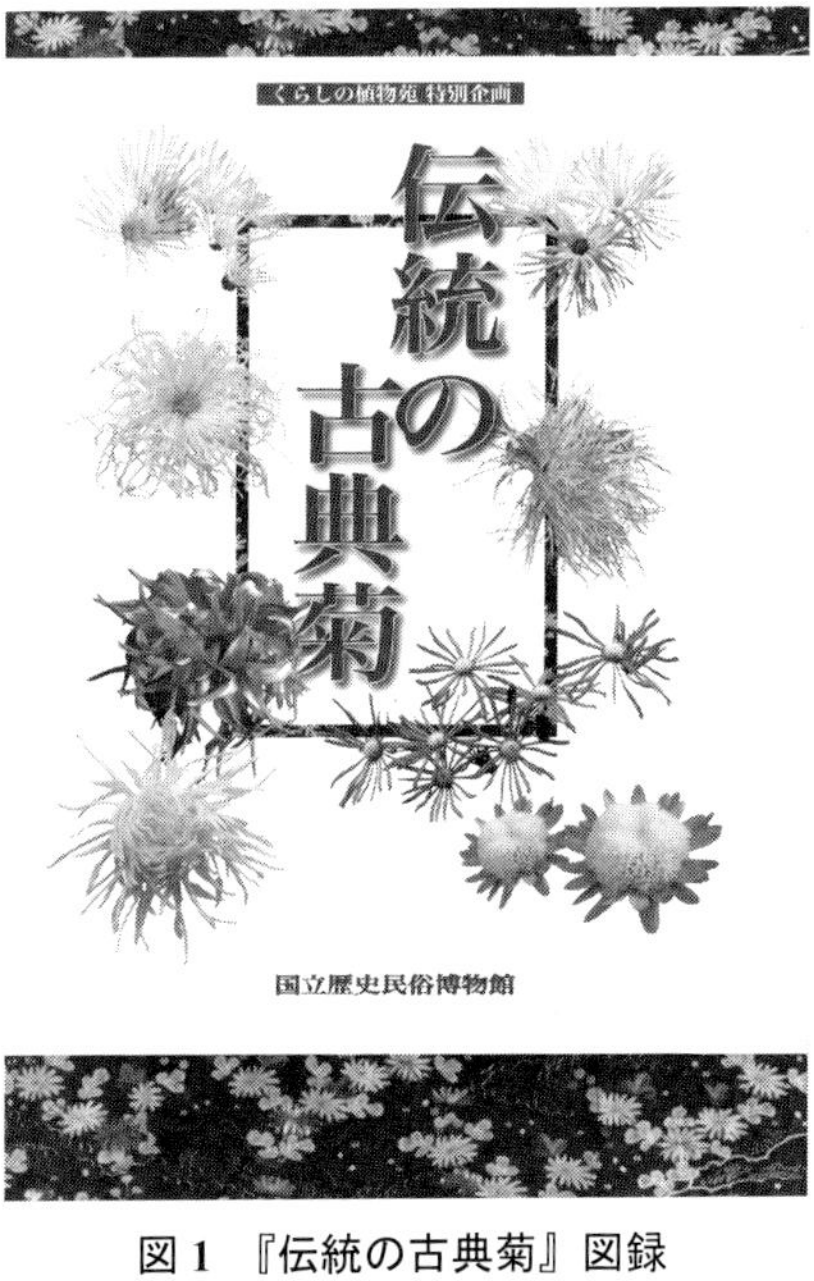


図1　『伝統の古典菊』図録

## 18世紀の菊の園芸書

菊の園芸書は、他の植物に比しておそらくもっとも多く存在していると思われますが、18世紀と19世紀では内容が異なります。その特徴、時代とともに内容が異なるというところからお話しします。

江戸時代中期にあたる18世紀から園芸書は発行されています。図録『伝統の古典菊』56頁以降に「菊の園芸書を読み解く」と題して、正徳・享保年間（1711〜36）に続々と刊行された書物を列挙しました。図2は、園芸の歴史に関心をもっていらっしゃる方は名前だけでもお聞きしたことがあると思うのですが、『花壇地錦抄』という総合園芸書です。「地錦抄シリーズ」と呼び慣わされていて、江戸近郊にあたる染井という地域の植木屋（伊藤伊兵衛三之丞・政武）が書いたもので、さまざまな園芸植物のひとつとして菊が紹介されています。

### 菊だけの園芸書の登場

こうした総合園芸書の刊行の直後にあたる、正徳3（1713）年に、菊だけを採り上げた園芸書『後の花』全3冊が刊行されま

**図2 『花壇地錦抄』**
国立歴史民俗博物館蔵.

した。花弁の形とその名称が多数描かれており、図3に掲げたのは、「蓮花平咲《れんげひらざき》」と「丁子咲《ちょうじざき》」の2種類です。このほかにも図をふんだんに用い、栽培方法を詳細に記した、かなり質の高い栽培書です。判型（本の大きさ）も、「半紙本」といい縦23㎝、横16㎝ほどの大きさであり、『花壇地錦抄』の判型「小本」の約2倍の大きさにあたり、3冊という冊数の多さも含め、情報量は飛躍的に多くなりました。

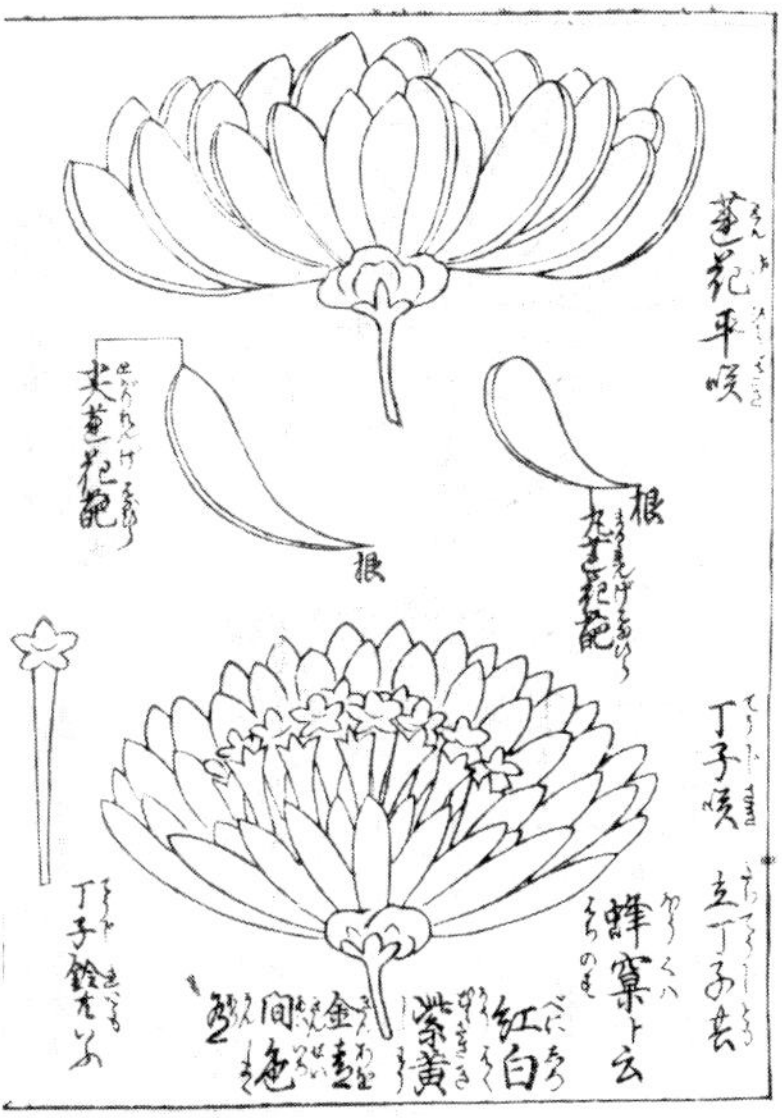


**図3　『後の花』**
国立国会図書館蔵.

## 花合の流行

これとほぼ同じ時代、2年後の正徳5年に『花壇養菊集《かだんようぎくしゅう》』が京都の本屋より刊行されます。本書も3冊本ですが、判型は「小判」といい、半紙本よりやや小さいサイズです。内容は、図4に挙げた菊の花合《はなあわせ》（品評会・展示会）の様子のほか花形の挿絵も多数ありますが、『後の花』の情報量には及びません。

図4のような花合は、京坂でまず流行が始まり、江戸でも享保年間（1716~35）には、大流行の様相をみせました。花合の際の花銘を記録した書物も複数現存しています。[2] こうした流行下で、享保2（1717）年『花壇菊花大全』が京都の本屋から刊行されます。全1冊ですが、『花壇養菊集』と同じ「小判」という大きさです。流行を裏づけるように、菊花壇（図5）や菊花を持ち歩くための菊の箪笥（図6）の図が描かれています。

図 4 『花壇養菊集』　国立国会図書館蔵.

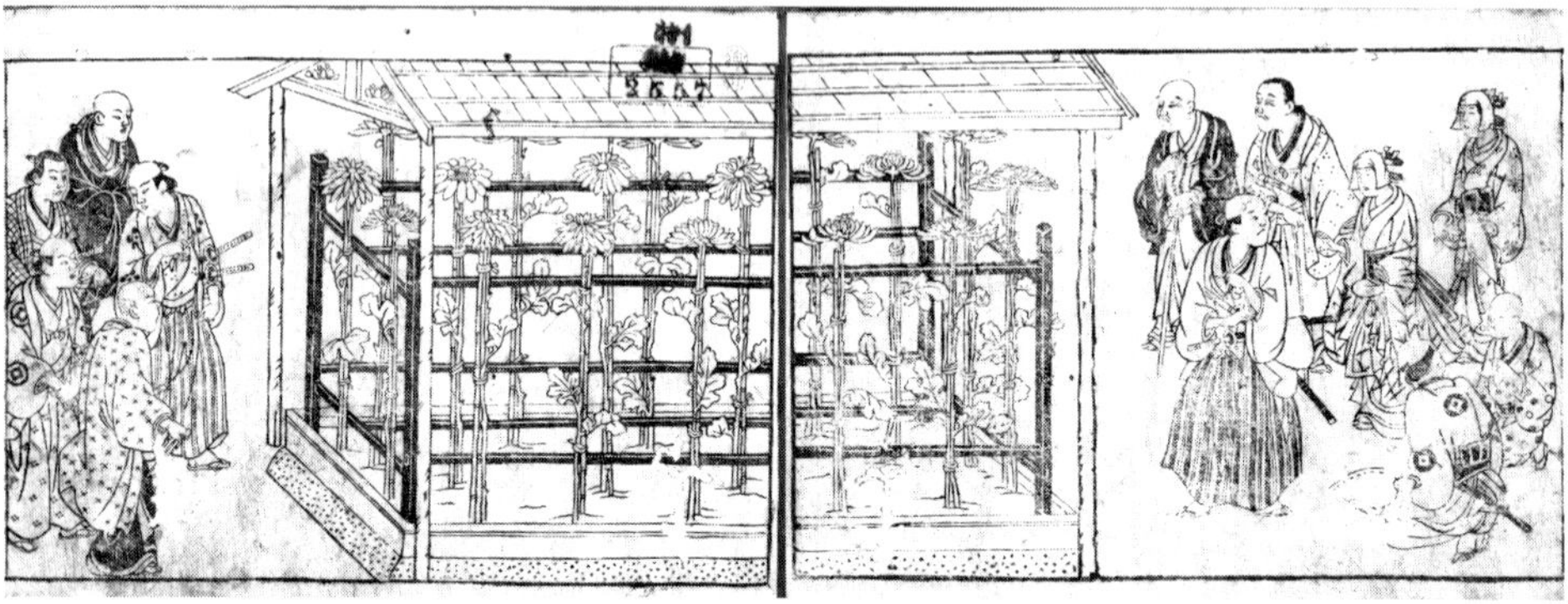

図 5 菊花壇 『花壇菊花大全』　国立国会図書館蔵.

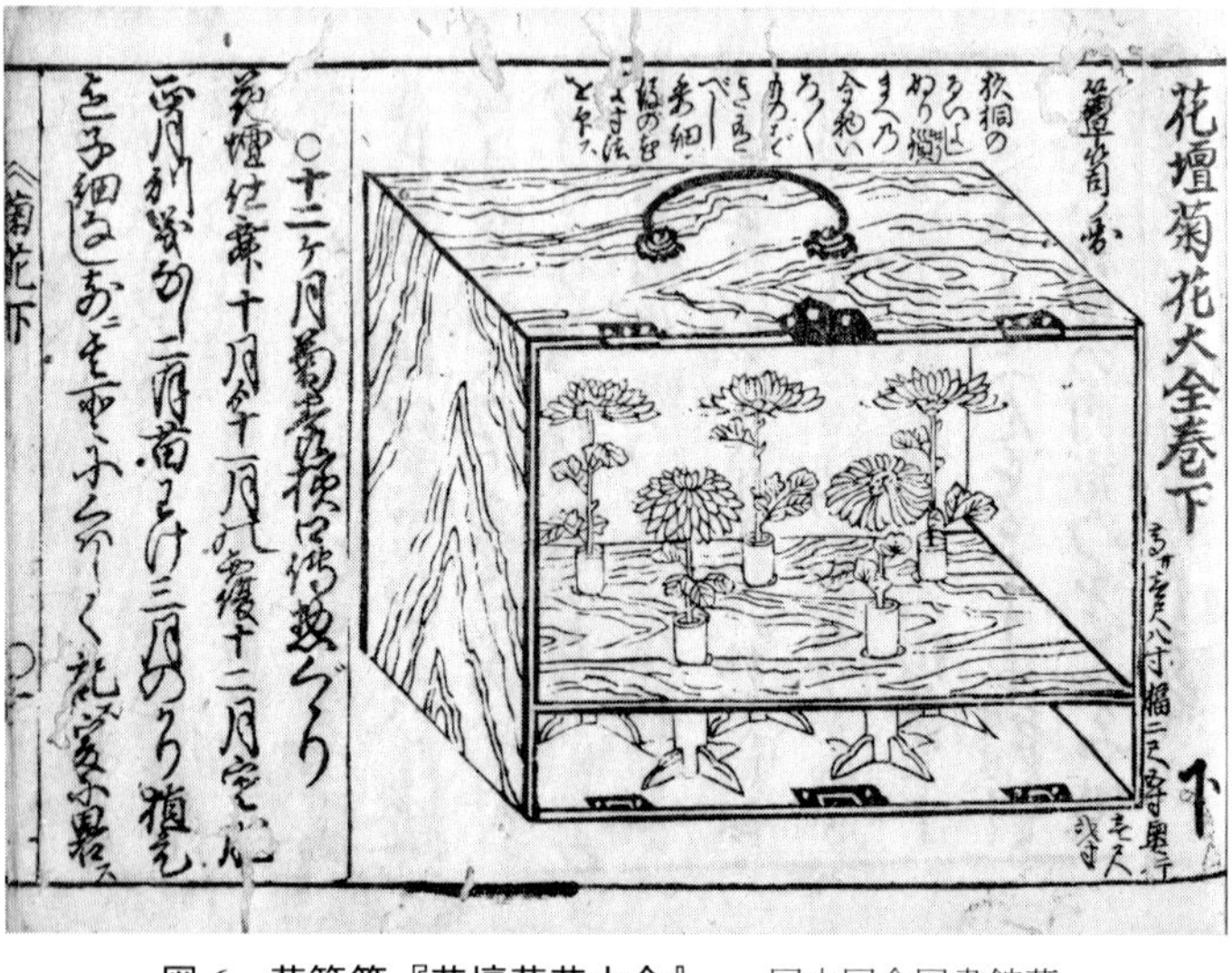


図 6 菊箪笥『花壇菊花大全』　国立国会図書館蔵.

今まで紹介してきたのは、版木によって印刷された書物です。こういう書物が18世紀前半の数年の間に何種類も出るというのは、他の植物ではまったく見られなかった現象です。菊だけの固有の特徴といっていいと思います。内容も、現在このまま栽培書として通用するような細かいことまで書いてあります。

## 『菊経』の登場

そしてこの少し後になりますけれど、18世紀半ば、宝暦5（1755）年に『菊経（『黄龍公菊経国字略解』）』という、これはお殿様（陸奥守山藩主・松平頼寛）が書いた本で全3冊が江戸で刊行されます。判型は縦24㎝・横16㎝と『後の花』と同じ「半紙本」で、漢文表記に続けて文字を小さくした和文で解説する形式ですので、文字の情報量は一見多くみえますがこれまでとさほど変わりません。そして最大の特徴は、花形や花壇ではない図の存在です。道具の図では、包丁や小刀の絵が用途に合わせて何種類も挙げられており、害虫の図では、バッタ、イナゴ、カタツムリなど幾種類も描かれています（図7）。藩主の著作という珍しさと、このわかりやすい図解があるおかげで、後世にも名著としての知名度が高くなりました。

しかしながら、ここで注意しなければならない問題があります。じつは図3で紹介した正徳3年刊『後の花』に、すでにこれらの道具や

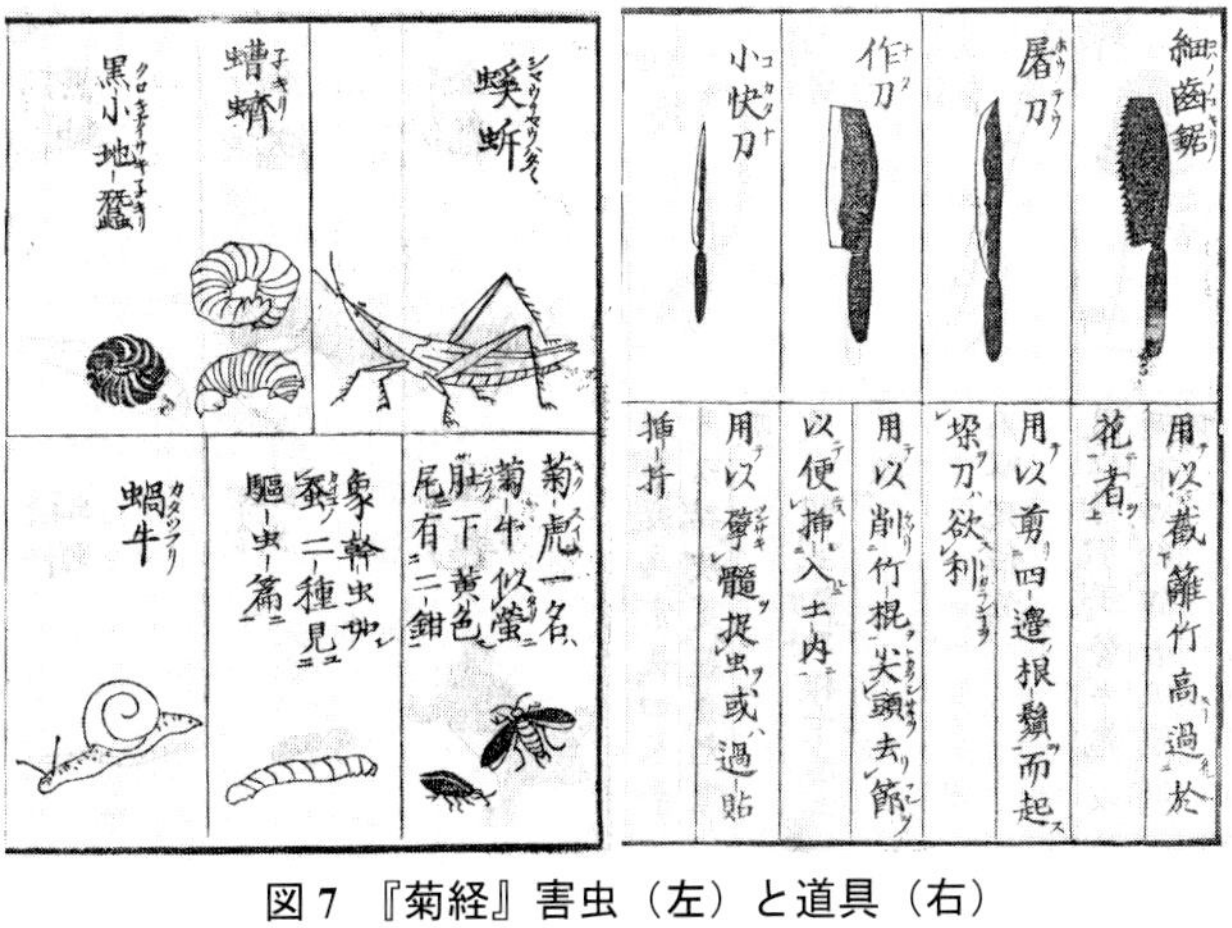


図7　『菊経』害虫（左）と道具（右）
国立国会図書館蔵．

害虫の図が掲載されているのです（図8）。『菊経』で評価の高い部分はオリジナルではなく、『後の花』を参照して少々の改変を加えたものであったのです。

なお、『後の花』の知名度が低い理由として、本の刊行形態の違いが挙げられます。他の本は、京・江戸の本屋より出版されていますが、『後の花』は奥付の本屋名がないことから、今でいう自費出版と考えられ、本屋を介さない狭い販路のもと販売されたと考えられます。しかしながら、菊栽培家間によく読まれた結果、18世紀の菊園芸書は、『後の花』の類似本がほとんどを占める結果となりました。

## 19世紀前半の園芸書

類似本であってもさまざまな人々が手を変え品を変え執筆したのが、18世紀の菊の園芸書の特徴でした。それでは、19世紀前半、変化朝顔が流行し始めた頃、菊はどうであったかを調べますと、図譜や栽培書の写本が複数執筆されています。変化朝顔も史料が多く、文化・文政期、19世紀前半に江戸や大坂や名古屋で流行してその結果多くの書物が刊行されました。朝顔はどちらかといえば栽培書ではなく、花や葉の図譜が多くを占めていました。当時江戸では、今でいえばトピアリーのようなもの、菊の花で鳥や富士山や汐汲などを形作った「菊細工」が登場し、植木で有名な染井・巣鴨・団子坂など特定の地域で流

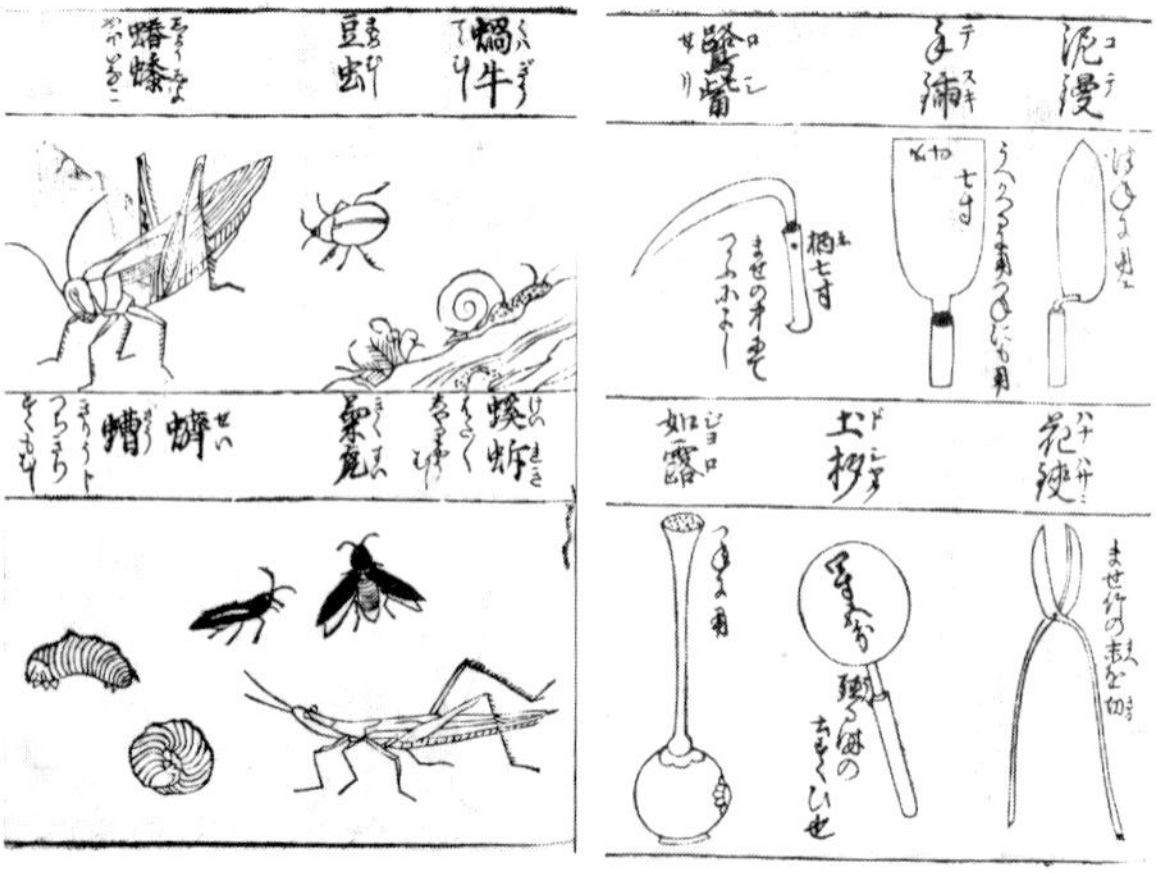

**図8**　『後の花』害虫（左）と道具（右）
国立国会図書館蔵.

行し始めます。それは変化朝顔と同じように一枚刷のチラシ（番付）によってわかります。今、新聞に折り込まれている商店のチラシは普通ならなくなってしまいます。そういうつのまにかなくなってしまうような一過性のチラシが朝顔と同じように菊細工でもたくさん残っています。今、こんなにたくさんあるのだから、きっとその当時はもっとたくさんあったのだろうと予想され、出版文化と園芸文化の、切っても切れない深い関係性を実感します。

また桜草を例に挙げると、国会図書館などに版本や写本が所蔵されています。ここには「連」の話など興味深い内容は登場してきますが、じつはその文章自体の書かれた年代は、文化・文政期以降であり、主要な情報がすべて19世紀前半に集中しています。このように桜草では、菊のように18世紀前半までさかのぼる書物を見い出し得ないという、史料の年代上の多寡の問題があります。園芸文化が19世紀になって細分化して盛んになったという証拠でもありますし、18世紀にはお殿様だけがやっていた限定的なものが、19世紀になって庶民に普及したという状況だったと思います。文字に書かれたり印刷されたりした史料の現況をみる限り、園芸人口は時代とともに増加したことと推測されます。

## 19世紀の菊の版本

菊の話に戻ります。版木で印刷した「版本」という史料の形態が、菊については19世紀になると他の植物に比べると非常に少なくなります。菊細工を除くと一枚刷の番付もそれほど多くはなく、朝顔でいえば第二次流行期、嘉永・安政年間（１８４８～６０）の幕末に集中し、しかも朝顔に比べると数量としてはずっと少なくなります。こうしたことから、19世紀前半、江戸時代後期に菊が栽培されなくなったのかと思われがちですが、そうではなくて、菊細工流行の事実からも、おそらく菊花そのものの栽培愛好熱も衰えるどころかますます盛んになっていったはずです。

## 『菊花壇養種《きくかだんやしないぐさ》』の執筆動機と内容

このように版本が稀ななか、刊行された『菊花壇養種』(図9）という書物が注目されます。図が大変多くわかりやすい書物として、現代でも評価が高いものです。序文には、この本の出版のきっかけが、次のように書かれてあります。

> 菊を作りて愛、楽しむことは古へより廃する事なけれども近来は菊を以て種々の状《かた》ち物に造りて其細工を競ふこと流行して年毎に諸所に多し。然れば草木栽培の業に預らぬ者も秋の楽しみに花檀に菊を造り愛る者多き故に僅に其荒増《あらまし》を誌《しる》して好者《すきしゃ》の一助に備ふるものなり。

傍線を施したところ、「種々の状ち物につくりて、その細工を競うことが流行して」という通り、菊細工の流行をきっかけに、草花の栽培の生業にあずからない者も秋の楽しみに花壇を作って愛好する者が多くなったから、という

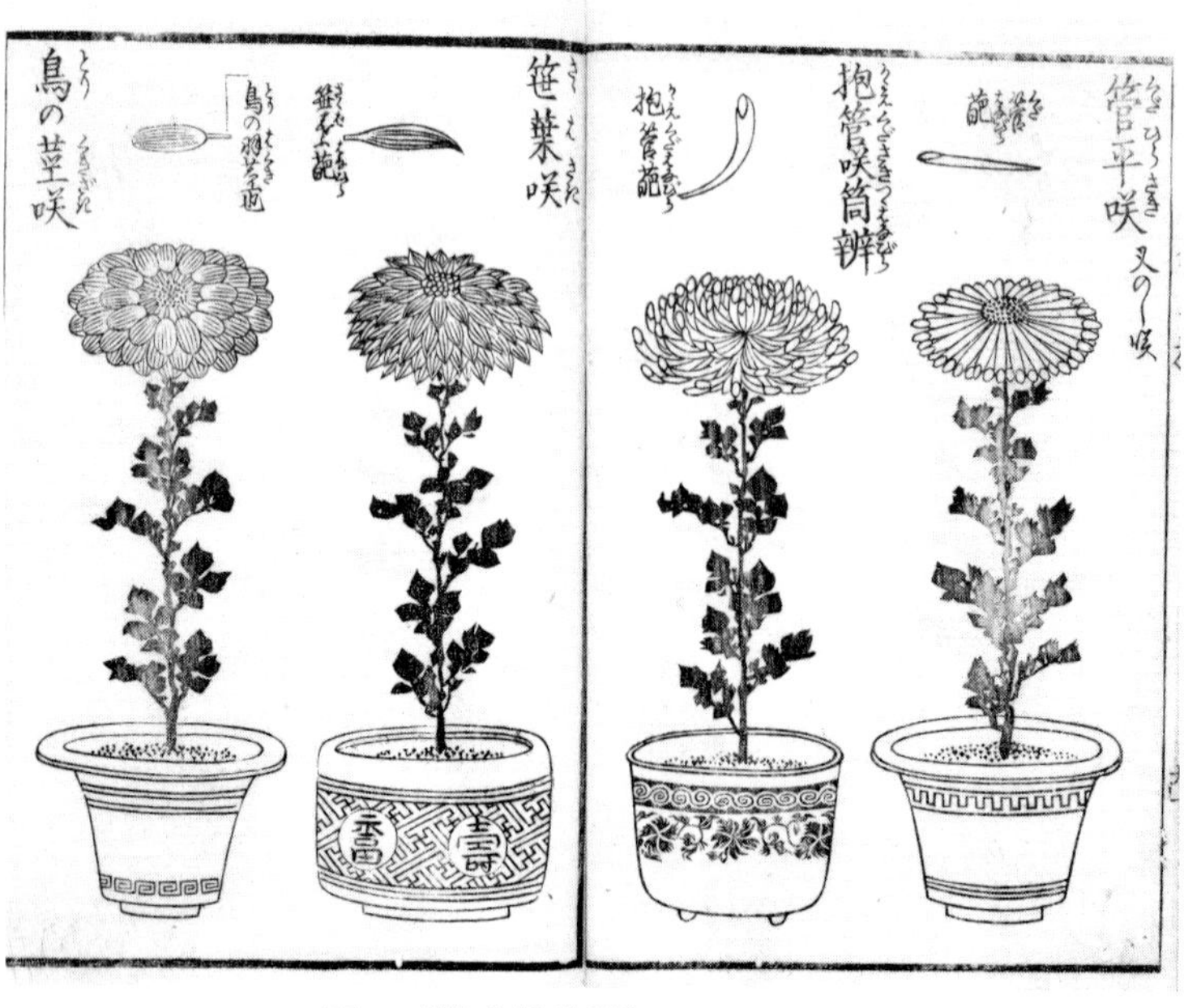


図9 『菊花壇養種』　個人蔵.

執筆動機を述べています。栽培の業に預る者というのは、植木屋など植物を実際に栽培する人でしょうが、そうではない素人も栽培するようになったので、そのためにこの本を出しました、ということが書いてあるのです。

さて、『菊花檀養種』の内容はどうかというと、じつは首をかしげたくなる部分が少なくありません。この本を読み進むと、かつて世に出た書物の孫引き本だったということが、段々わかってまいりました。栽培の記述は、同時代の総合園芸書『草木育種《そうもくそだてぐさ》』の文言を並べ替えたものでした(3)。また、良質の史料だと前に紹介した『後の花』にあった花形を事細かく記してありますが、これ以外の情報、品評会、菊箪笥、害虫の図はありません。このように栽培という視点からみると、全体的に雑な構成になってしまっています。

以上の通り、19世紀には版本が少ない。しかしその代わり「写本」という、筆で写して伝わった写本、秘伝に近い書物が多く存在しています(4)。次にその一部をみていきます。

## 『菊経玉手箱』と写本2種の比較

菊の写本の残存状態を探ると、19世紀前半、江戸時代後期に集中しています。あまりに多すぎて今まで手をつけてこなかったのですが、このたび図録に、写本『菊経玉手箱』(図10)を全文翻刻して現代語訳も付けました(5)。文政2(1819)年11月に原本が成立し、同9年2月に写された、19世紀に入った直後の写本です。栽培法の書物としてはわかりやすく、興味深い記事が含まれています。

原本著者の守静菴湖貢の経歴は不明ですが、江戸から山形へ菊を送った噂を記して

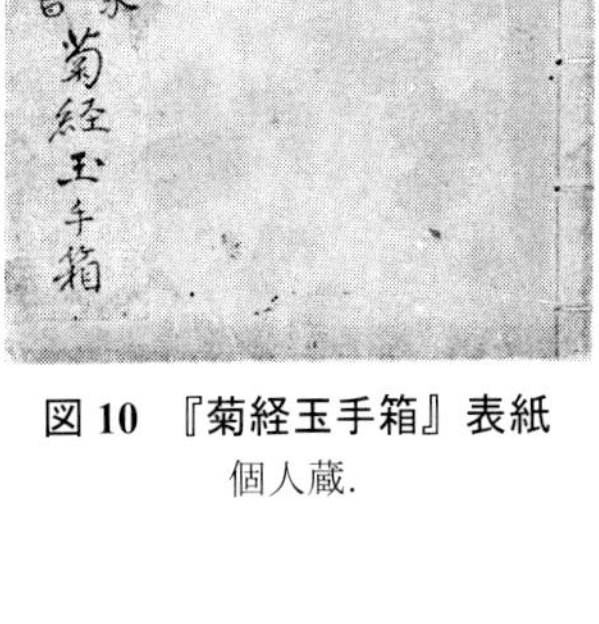


**図 10　『菊経玉手箱』表紙**
個人蔵.

おり、江戸在住の人であることは間違いないと思います。文章中心の栽培書で、図は一カ所のみ、菊の枝の結立の図解です（図11）。図の直前の解説文には、

一、菊の結立方はさま〳〵あり。面々の工夫次第也。信紹居士ゟ伝りしは扇立也。此作り方用る人多し。扇立といふは図のごとく結立る也。当時は花大輪になりたる故、上の方多く開かざれは花かさなるに及ふ。枝直に立ず筋れる故、両端の花見苦し。裾もさひしく曲たる枝あらはに見ゆる也。図如左。

と、右側の逆三角形の竹の支柱の建て方を「扇立」といい、信紹居士から伝わった技術とまず述べたあと続いて、

一、夏至の頃より図のことく篠を立、横竹を張時は惣体の力にて持合故大風雨にても倒る、事なし。おこなる業なから是は余か工風の結立方也。ひらた建など、唱て此形に作る人々も有よし。

と、三角形の上端ぽおよび中央部の横に竹をわたして強度を保つ方法を「余が工夫」と、『菊経玉手箱』作者自身の発明と述べ、「ひらた建」とも呼んでこの技法を採用した人々もいるとやや自慢げに書いてあります。

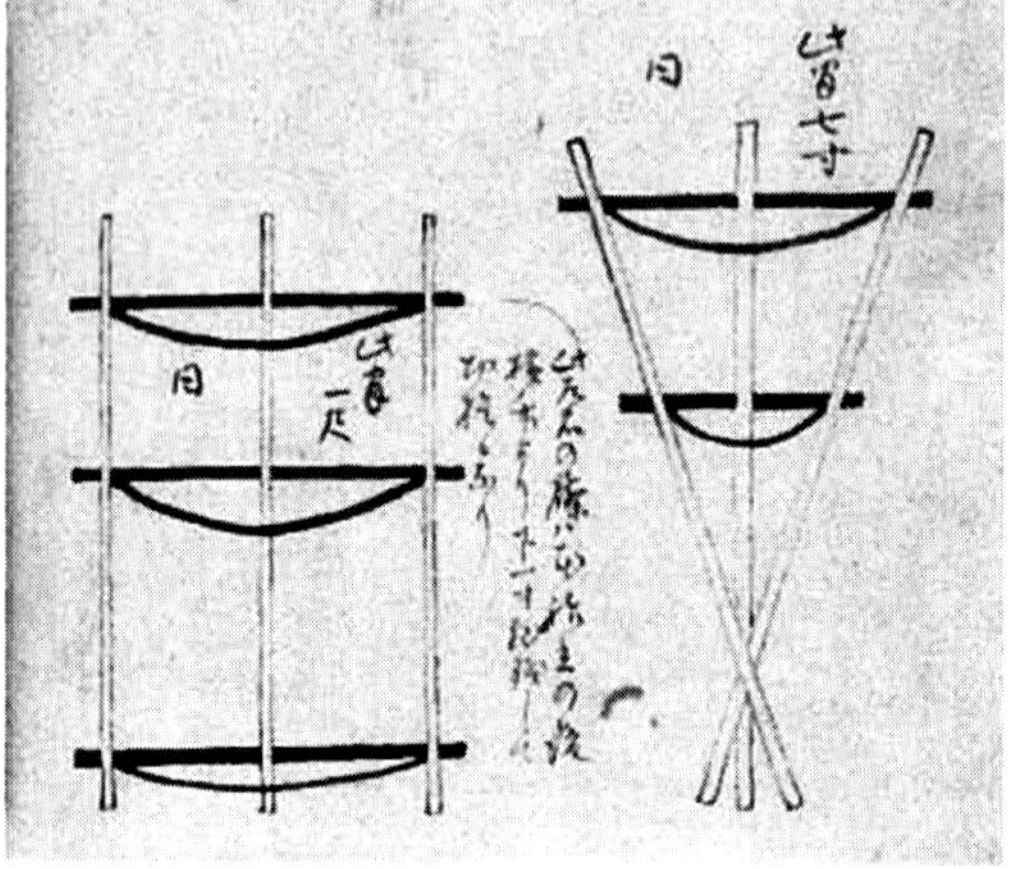

図 11 『菊経玉手箱』結立図
個人蔵.

『菊作方仕法』

図11と同様の図が、別の写本『菊作方仕法』にもあります。図を紹介する前に、書かれた年代を奥付（図12）からみていきましょう。

享和元辛酉年仲秋日菊友館之主、写を所有して嘉永四辛亥季秋写し終　草葉庵蔵

とあり、享和元（1801）年に「菊友館」がもっていた原本を、「草葉庵」が嘉永4（1851）年秋に写し終わったとあります。つまりこの本の原本は、『菊経玉手箱』より古い時代に書かれ、50年後に再び写されたということになります。

なお、本書の書名『菊作方仕法』は、本文冒頭（図13）に「種菊要法」という「見出し」があり、結論を先にいうと、たぶんこれが本来の書名だったと予想されます。

本文には次の通り、秋の苗分けから始まって22項の

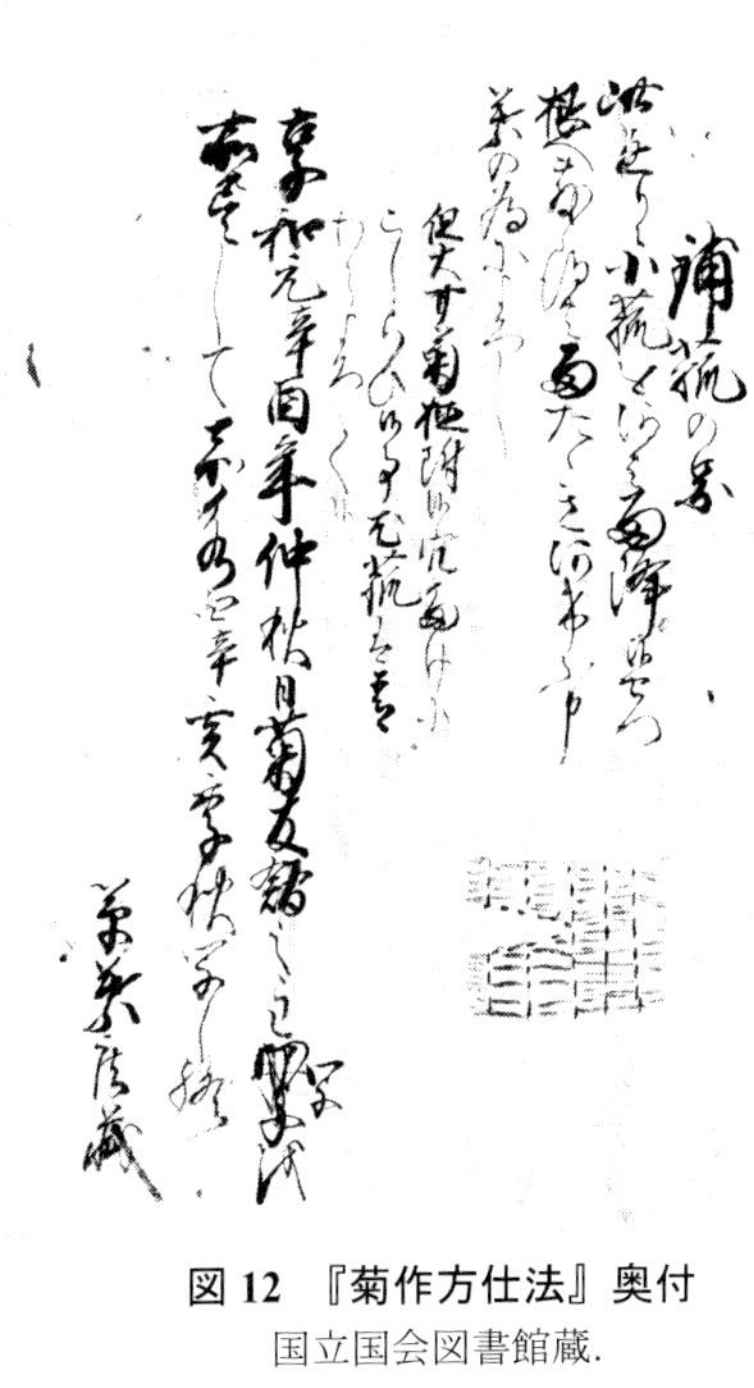

図 12　『菊作方仕法』奥付
国立国会図書館蔵.

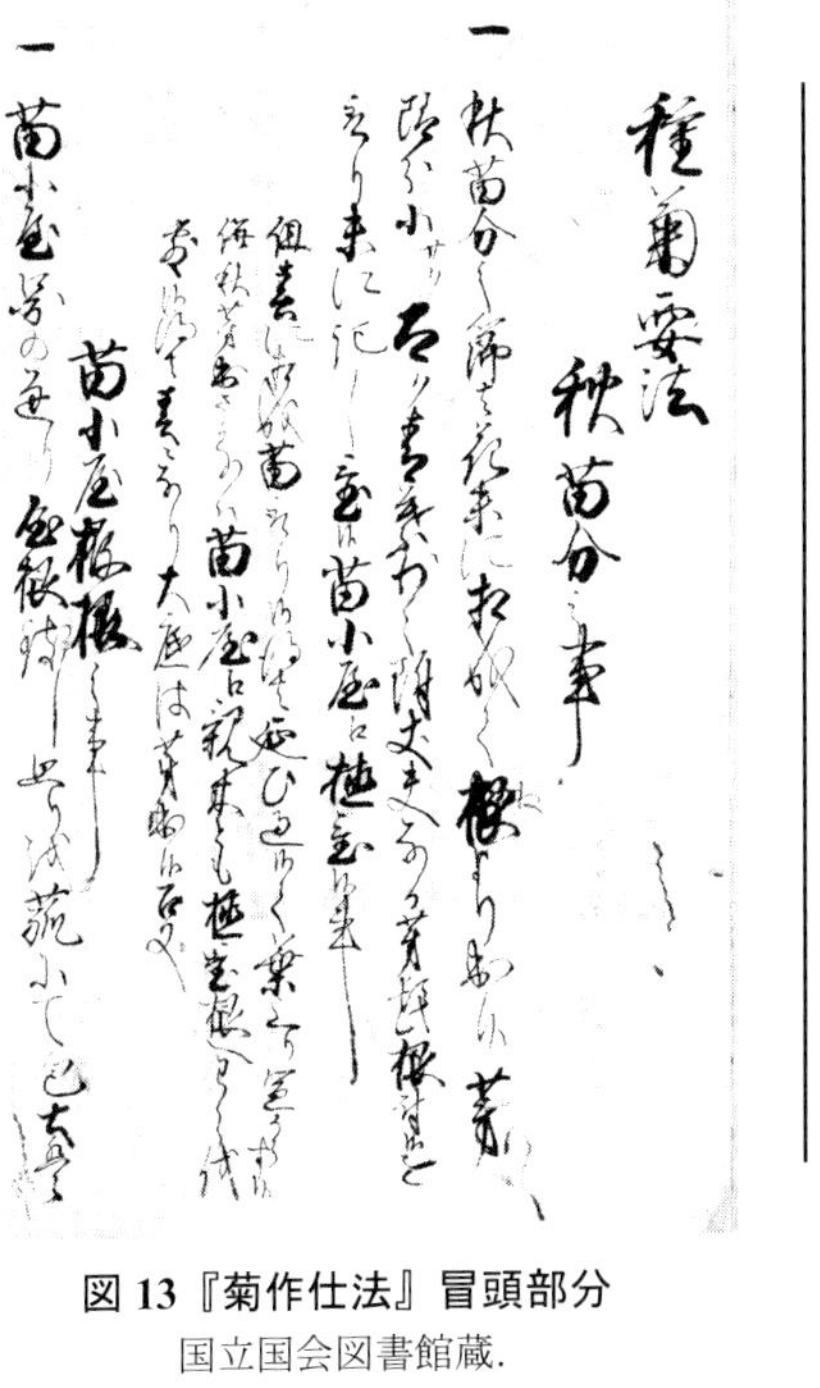

図 13『菊作仕法』冒頭部分
国立国会図書館蔵.

小見出しが付されています。

「秋苗分之事」「苗小屋拵様之事」「肥し土之事」「荏糟ねかし様之事」「花檀場取りの事」「土入様之事」「菊留様之事」「菊に障り候虫之事」「菊に竹立候様の事」「枝配りの事」「惣丈積り様之事」「結立様之事」「菊に水打様之事」「花肥しの事」「花配り事」「篭植の事」「大作之事」「継穂仕様之事」「指芽仕様之事」「日除之事」「花檀寸法之事」「実生蒔様之事」

傍線を施した項目は後述する別の写本では、見出しとして消滅してしまっています。図は巻末にまとめて描かれ、苗小屋、花壇植えの間隔、結立、実生床、大作仕法、舗菰（菰掛け）の6つの図があります。図14に掲げたのがこの一つで、結立の図です。逆三角形が少し丸みを帯びていますが、根元の貧弱さを目立たせなくする目的であるのは図11と同じで、傍らに実際の菊の枝の図を加筆し

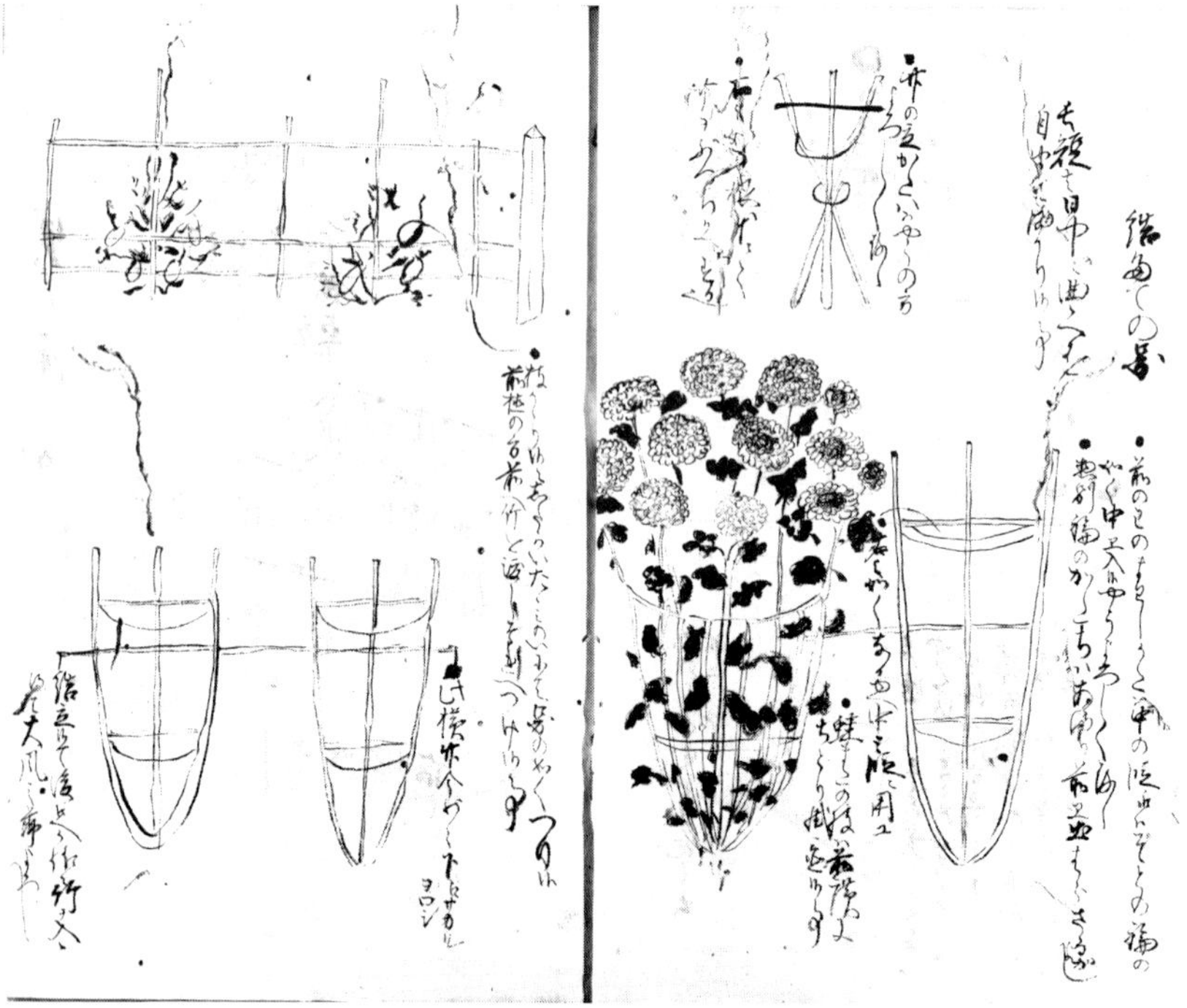

**図 14 『菊作方仕法』13 丁裏と 14 丁表**
国立国会図書館蔵.

て配すことでよりわかりやすくなりました（右下）。さらに、左下の逆三角形（籠植といいます）は2つ描かれ、傍らに次の一文があります。

此横竹今少々下《江》サカルヨロシ。結立候て後ロへか様ニ竹ヲ入候得は大風之節よろし。

風が強い時季には、籠と籠の間の後ろ側に横に竹を差し渡して結ぶと倒れなくてよろしいという、プラスアルファの情報が記してあります。このような記述は、実際に栽培に従事してみて経験上知り得た技術を加筆した結果でしょう。

## 同じ原本からの写本『種菊要法』

さて、また別の写本『種菊要法』を紹介しましょう。図13で『菊作方仕法』の本来の書名であろうと紹介した名と同じ「種菊要法」という文字が冒頭にあります。本書ではこれを内題として書名に採用しています。見出しの項目（図15）は次の通りです。

「秋苗分之法」「肥土之法」「荏糟ねかす法」「花檀地取之事附穴江土入様之事」「菊芽摘様之事」「菊之虫之事」「菊に竹立ル法」「配り之事」「惣丈積り之事」「結立様之事」「菊に水

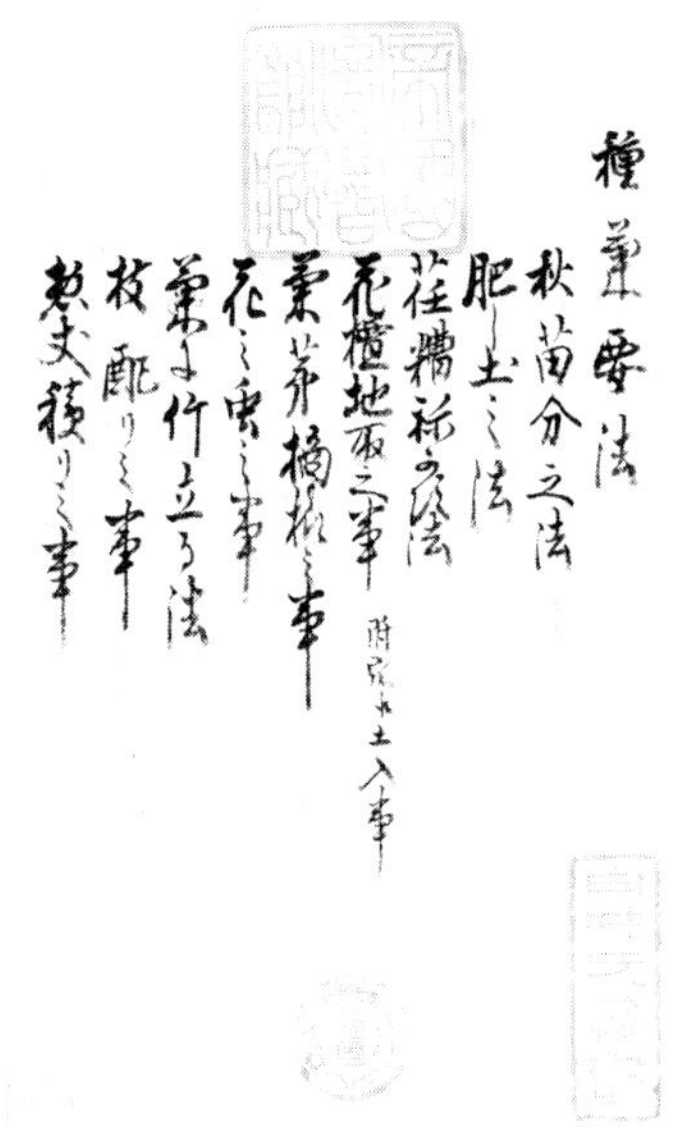

**図 15『種菊要法』**
国立国会図書館蔵.

打様之事」「花肥之法」「育兼候菊に肥しの事」「花配り之事」「篭植之法」「日除之事」「花檀寸法」「実生蒔様之事」

先ほどの22項から3つ減って19項になり、前に傍線を施した部分の内容がほぼなくなっています。書名が同じ、つまり原本は同一のものであるにもかかわらず、記述に差が生じたことがわかります。また、『菊作方仕法』で図はまとめてあったのに、本書では文章の途中に図がそれぞれ挿入され、その結果図も小さくコンパクトなものになっています（図16）。残念ながら図14のようなプラスアルファの記事はみられません。

本書の成立はいつかというと、奥書（図17）には、

右廣尾某之作方荒増しるし申候。委しき事は口伝無之候而は雅方諸君子之工夫も可有之先大抵作方かくのことし。

花井知足

安政二卯年八十二才

右種菊要法遠山道五郎生方安政二乙卯年九月廿三日借得て廿七日写

桃園山人書写（朱文円印「桃園」）

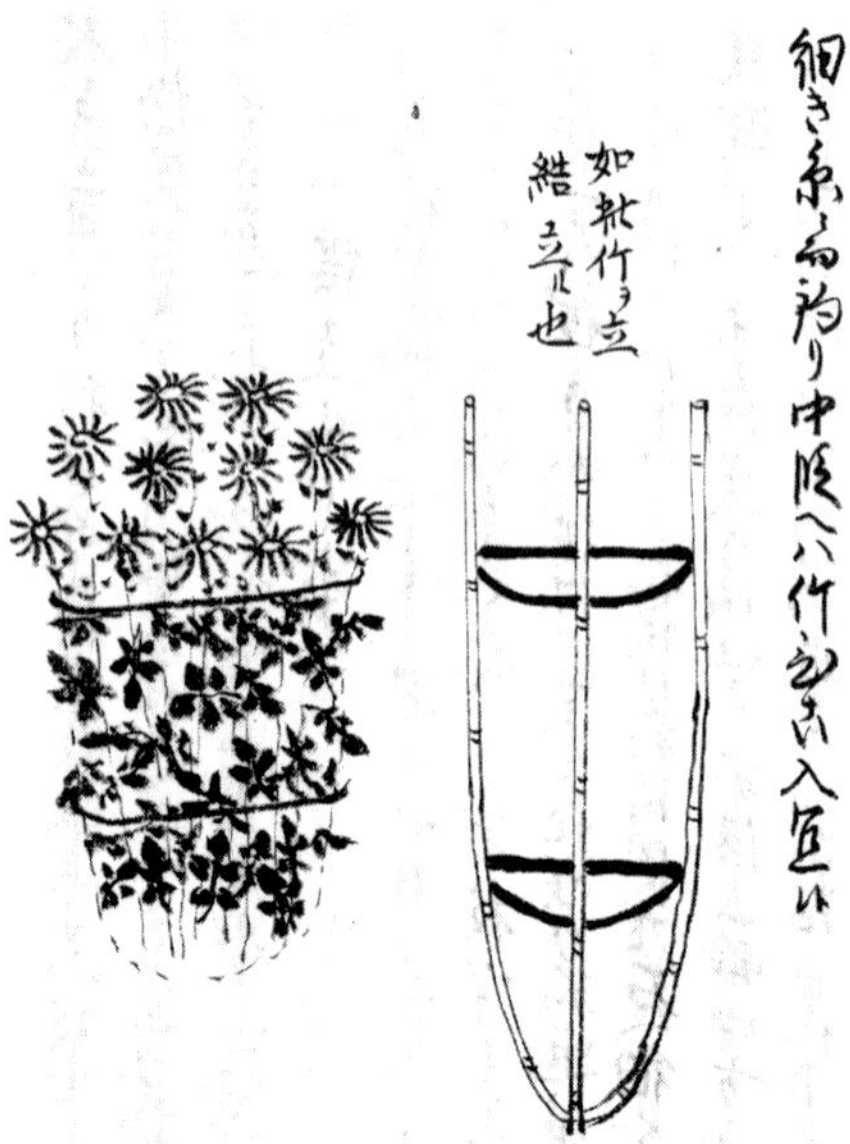

図 16『種菊要法』結立
国立国会図書館蔵.

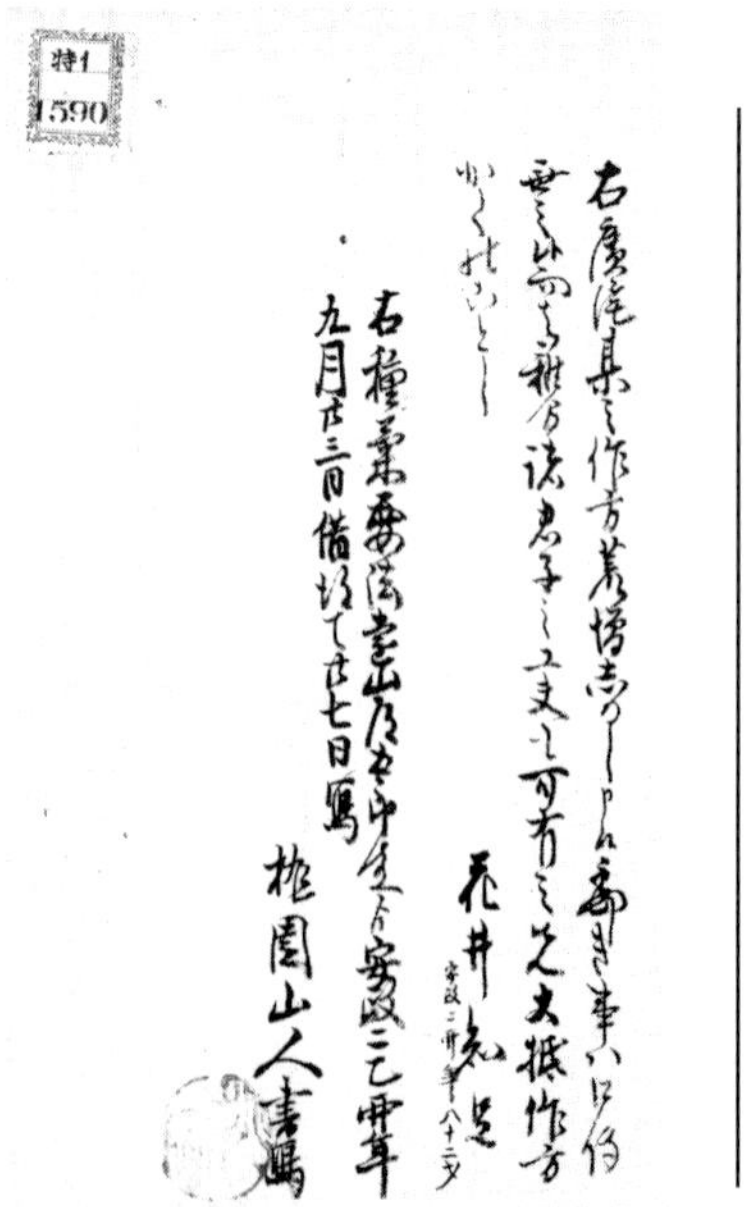

図 17『種菊要法』奥書
国立国会図書館蔵.

と、「広尾某」が最初に著したものを、後に「花井知足」が写し、さらに「遠山道五郎」という人物の手に渡りそれを借りて「桃園山人」が写した、つまり少なくとも2度写されています。原本の成立がいつか不明ですが、最終的には安政2（1855）年という幕末に写されました。奥書によると、少なくとも安政2年以前に完成した原本から、2種類の写本が存在していたということです。書名はここにある通り『種菊要法』だと書かれています。

すでに述べた通り、『菊作方仕法』の原本の成立が享和元年以前であることから、この『種菊要法』の原本成立年も同じ時になりましょう。『菊作方仕法』『種菊要法』ともに、原本は18世紀末頃に成立したということです。しかしながら、この2種の写本より新しいはずの『菊経玉手箱』は、結立の技術一つとっても、古くさい記事になってしまっています。なぜでしょうか。

## 『菊経玉手箱』の特徴

『菊経玉手箱』の詳細は、図録[6]を確認してもらえればと思いますが、18世紀に流行した「菊合《きくあわせ》」のルールについて書かれ、19世紀に流行した「大作り」（新宿御苑の一幹千輪菊と同様のもの）はあまり知らないと書いてあります。そもそも書名からして、『菊経』とは無関係ですけれど名高い『菊経』を意識して名付けたと思われ、18世紀の色合いが濃い書物です。対して、この『菊作方仕法』『種菊要法』には大作りのことも書いてあります。後者の2種の写本の原本が執筆された時期は、18世紀末ですが、19世紀半ばである嘉永4年、安政2（1855）年まで写され続ける魅力をもった書物でした。栽培書を写す人の目的は、技術を重視したはずであり、19世紀でも充分技術的に通用する記事が載せられた写本の方がより多くの人に写されたのだと思います。

## 沼津に宛てた手紙と「江都養菊畧記」

最後に、江戸から離れた地域への栽培技術の伝播の事例を紹介します。印刷された版本でも技術は届くのですけれども、そうではなくて日々どんどん変わりつつある技術に対しては、版木で印刷される版本ではなくて、筆で写した写本という形態によって個別に伝わっていきました。

図18は、文化11（1814）年、江戸近郊の巣鴨の植木屋・斎田弥三郎という人が、沼津の帯笑園主・植松与右衛門に対して送った手紙に添えられた栽培書「江都養菊畧記」のなかの一節です。簡単な略図が描いてあります。ここには『菊経玉手箱』や『種菊要法』とも異なる内容がみられ、たとえば裏技的な内容ですが、

よしず二而かりに家根を陽向かたびさしに作る也。

と、庇《ひさし》を作るのに片庇に仕立てるとよいという霜除けの装置の作り方が記されます。それから菊の結立には糸を結ぶのが通常ですが、

九十月之頃土用之節成りて菊花相催の頃より少し前ニ兼て結立立置たる小竹を不残取て真中の壱本の竹へすが糸にて結立る也。作り方之流派により

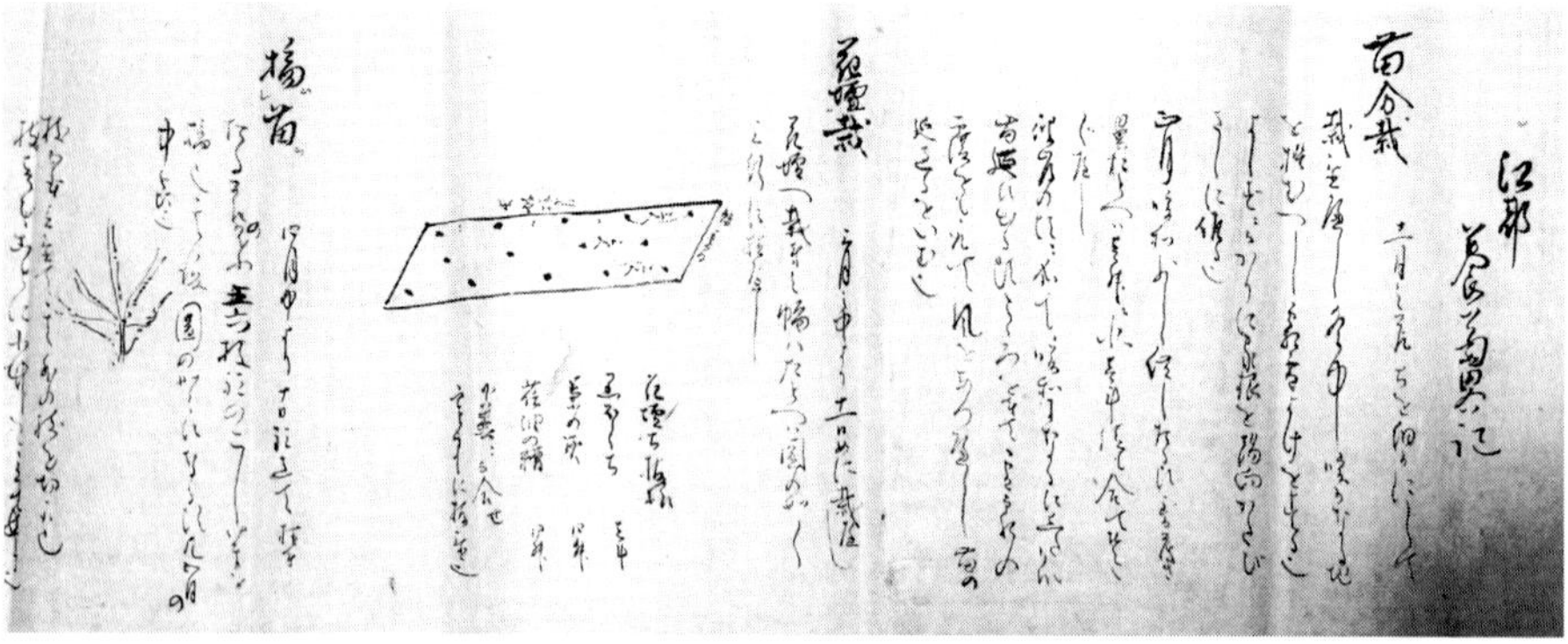

図 18 『江都養菊畧記』 個人蔵.

て、枝ことに細く割たるひご竹壱本ツ、付て結立るもある也。是を花結立と呼也。

とある通り、「すが糸」という極細の糸を添え竹に結び付ける方法を勧めています。これは支柱や結立の糸をできるだけ目立たなくすることで、花をより美しくみせるために工夫された技術だと思います。そして「作り方」に「流派」があると、作り手が認識している状況もよくわかります。

この手紙の主旨は、次のようなものです。

御覧被下江戸流ニ御作り被成候ハ、御一興と奉存候。江戸も先年之風とハ大ニ養作方相違仕候。別紙御熟覧可被成候。

傍線の箇所、「江戸もかつてとは大分栽培方法が変わりましたので」と理由を述べ、「江戸流に作ってくだされば」よいとしています。すでに江戸における栽培技術は会得しているでしょうが、技術は日々進化しているため、最新の技術をわざわざ沼津の人にまで教えているのです。

図19は、「くらしの植物苑」で撮影した「江戸菊」の写真です。一度咲いてから花弁が反り返り、あるいは捻り、あるいは折れて、花の形が咲き始めと比べると激変します。朝顔の「芸」という話が仁田坂さんよりありましたけれども（5章参照）、こちらは芸がある菊、江戸菊です。図18の手紙のなかの菊は、江戸流の菊ということですから、おそらく「江戸菊」を指していると思われます。

**図19　江戸菊**

## 菊栽培書から見えてくるもの

18世紀の版本は内容が整っており、かつ似通っていました。これは、完成度が高い園芸書の版本が、菊の場合、18世紀前半にすでに確立してしまった結果と考えます。こうしたなか、19世紀前半には版本が出版されず、「写本」という形態の書物が多数作られます。写本の性格上、内容に少々の改変が生じてきます。そして、その改変された部分は、18世紀になかった新技術を記録したものになっていきます。

菊栽培書の写本はまだ全国にたくさんあると思いますが、その改変された細かな差を見つけるのも、面白いのではないかと思います。こうした例を比べていくのも、人との結びつきを重要視する、くらしの植物苑ならではの研究と思い、今後も続けていくつもりです。

**注・参考文献**

（1）２０１５年11月28日、岩淵令治氏による観察会第二〇〇回「参勤交代と菊作りの広がり―八戸藩を事例に―」も実施された。八戸の菊栽培書など江戸以外の地域も含めると相当数の史料がある。
（2）享保2年『菊大会名寄』、同3年『江戸菊会』など。いずれも国立国会図書館蔵。
（3）平野 恵（２０１０）『温室』法政大学出版局、26～28頁。
（4）注（1）に同。
（5）国立歴史民俗博物館（２０１５）『伝統の古典菊』、71～81頁。
（6）注（5）に同。

# 7　菊栽培の流行と小袖模様

澤田　和人

２０１２年11月６日から12月２日まで、国立歴史民俗博物館（以下、本館）の第３室（近世）の特集展示として「伝統の古典菊」を開催しました。それは、くらしの植物苑で行ってきた同じ名称の特別企画と関連させ、菊栽培の歴史と文化の反映を「もの」資料に見ようとする展示でした。

私は美術史、なかでも染織史・服飾史を専門としておりますが、その特集展示のプロジェクトの代表をつとめ、準備をすすめていくうちに、江戸時代の小袖に見る菊の模様が、菊栽培の流行と深くかかわっていることに気づきました。多様な菊花のかたちが作りだされ、広く人々の眼にとまるようになると、小袖の模様として表現される菊花のかたちもさまざまとなっていきます。ここでは、その特集展示を通じて得られた成果をもとに、そうした小袖の菊模様の表現についてお話しします。

## 初期（17世紀）の菊模様

17世紀の小袖においては、菊花は管状花（花芯に見える部分）の周囲を平らな舌状花（花びらに見える部分）がとり囲んだ、ごく単純な花形で表現されることから始まります。たとえば、寛文期

図 1　菊水模様小袖
国立歴史民俗博物館蔵（以下，本館蔵と表記）.
カバーのカラー写真参照（以下.「カラー写真参照」と表記）.

**図 2　菊模様小袖**
本館蔵．カラー写真参照．

（1661～72年）頃の「菊水模様小袖」（図1）や、それより少し遅れる頃の「菊模様小袖」（図2）が、そうした花形の典型としてあげられます。

もっとも、当時このようなかたちの菊花しかなかったわけではありません。すでに16世紀の屏風絵や16世紀末期から17世紀初頭頃の蒔絵では、花芯がなく、舌状花のみで構成された菊花の表現を見ることができます。

これには、技術的な問題も関係しているかと思われます。友禅染の技術が確立する17世紀の終わりになるまで、絵画や蒔絵の方が、小袖におけるよりもはるかに写実的に菊をあらわすことができました。しかし、より考慮すべきは意匠化という点です。意匠化することは、多分に人々の共通理解に支えられています。共通理解があってこそ、ある意匠化されたモティーフを見て、それが何を表現したものかが初めてわかります。小袖の模様は、多くの人々に見られることを前提に意匠化されているといえましょう。小袖において、花芯の周囲を平らな舌状花がとり囲んだかたちで菊花が意匠化されているのは、そうしたかたちでなければ菊花であると一般に認識できなかったからであり、当時もっとも普遍的であった花形の反映と見ることができるでしょう。

## 17世紀の終わりから18世紀の半ばまで

それが、17世紀の終わり頃から、管状花すなわち花芯がなく、舌

**図3　友禅ひいながた・部分**
国立国会図書館蔵.

状花のみで構成された花形が見られるようになります。筆致の速い画風のためあまり判然とはしませんが、1688（貞享5）年刊の小袖雛形本『友禅ひいながた』（図3）で、それらしきものが見えています。そして、1692（元禄5）年刊の小袖雛形本『袖ひいながた』（図4）になると、花芯がない菊花が明瞭に描かれています。これ以降、花芯がないものは、代表的な花形の一つとなっています。たとえば、「菊流水模様小袖」（図5）は正徳・享保期（1711～35年）頃の作と考えられますが、この小袖では花芯のある菊花とない菊花とが混在しています。さらに、1749（元文5）年の銘文を伴う「秋草千鳥模様小袖」（図6）を見ると、菊

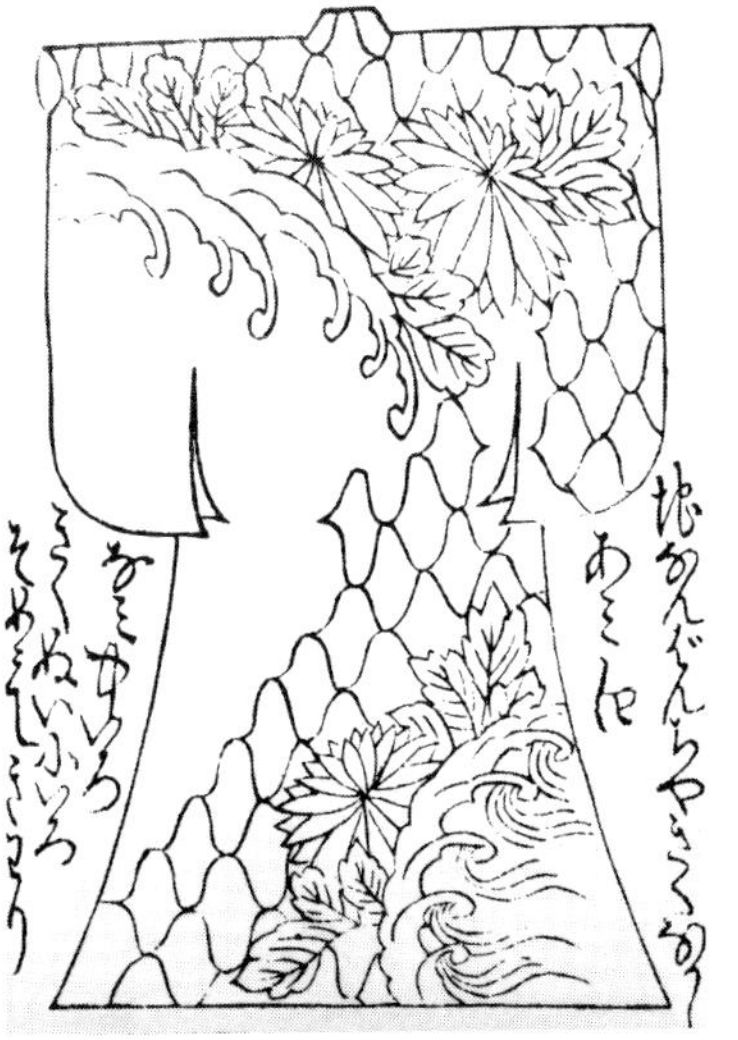

**図4　袖ひいながた**

上野佐江子編『小袖模様雛形本集成』第2巻，学習研究社，1974年より複写転載.

**図5　菊流水模様小袖・部分**

本館蔵.

**図6　秋草千鳥模様小袖・部分**

本館蔵.

花にはみな花芯がありません。楕円状の葉をつけた菊に近似した花も見えますが、これは菊ではありません。小袖雛形本では野菊と呼ばれている植物であり、野紺菊の仲間かと思われます。このように、とくに18世紀前期では、花芯のない花形の方が主流を占めているといってもよいでしょう。

また、管弁やさじ弁の菊花も表現されるようになります。管見の範囲では、1719（享保4）年刊の小袖雛形本『雛形菊の井』（図7・8）がもっとも早くに遡る年代が明らかな例となります。

このような表現の移り変わりは、実際の菊花の流行と連動していましょう。菊花図譜の最古例とされている1691（元禄3）年刊の『画菊』（図9）を見ると、半数以上の品種に花芯がなく、まずは花芯がない花形がもてはやされたと知られます。『画菊』には、花びらが変化したものも収録されていますが、それほど著しくはありません。17世紀に入り、正徳・享保期になると、たとえば1715（正徳5）年刊の『花壇養菊集』（図10）に見るように、菊の

**図7　雛形菊の井**

上野佐江子編『小袖模様雛形本集成』第3巻，学習研究社，1974年より複写転載.

**図8　雛形菊の井**

上野佐江子編『小袖模様雛形本集成』第3巻，学習研究社，1974年より複写転載.

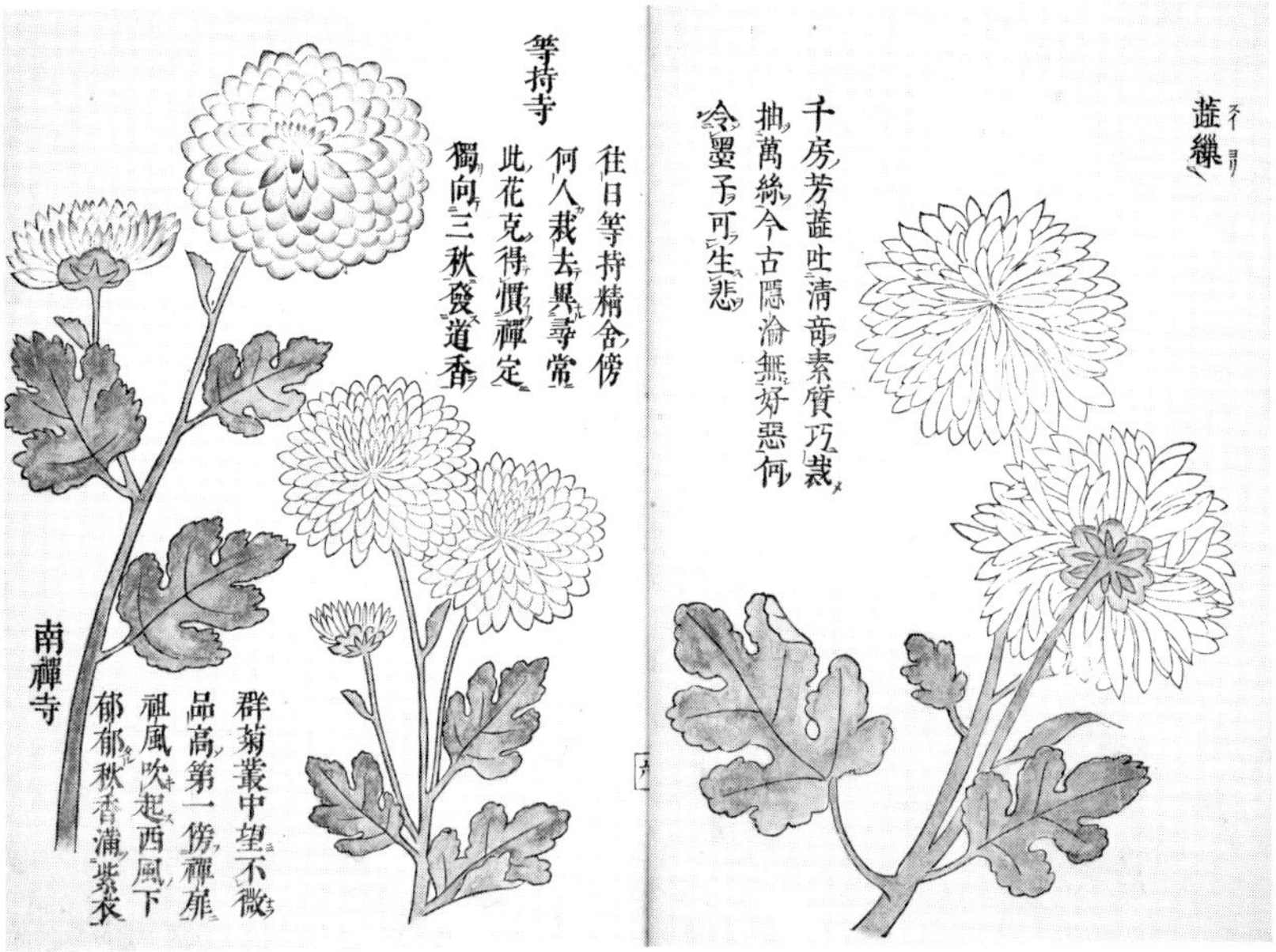


**図 9　画菊**　　国立国会図書館蔵．カラー写真参照．

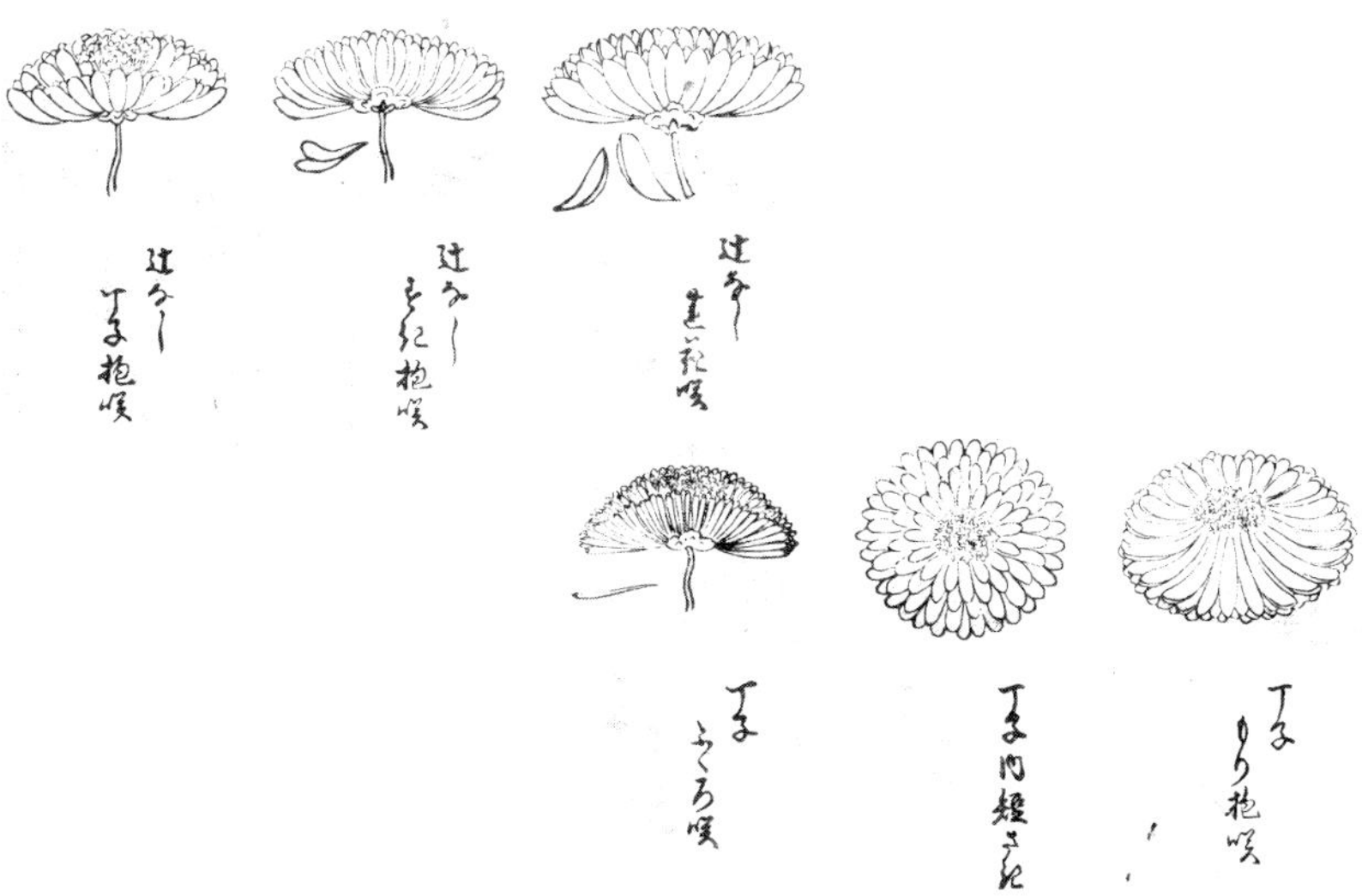

**図 10　花壇養菊集**　　国立国会図書館蔵．

栽培書や銘鑑などでは、花びらのかたちや咲き方を細かく分類して記述されるようになっています。当時、花びらのかたちや咲き方の変化に強い関心が寄せられていた様子が窺えます。

なお、『雛形菊の井』の一図は菊合わせ、もう一図は菊花壇を模様としたものですが、菊合わせは『花壇養菊集』に、菊花壇は１７１７（享保2）年跋の菊の栽培書である『花壇菊花大全』に描かれているように、正徳・享保期に最初のブームを迎えています。そうした菊栽培の流行熱を映し出してもいます。

## 「禿菊」とは

少し話はそれますが、興味深い名称の菊花が小袖雛形本に見えますので、その菊花について考えてみたいと思います。それは、18世紀初頭、１７０４（宝永元）年刊の小袖雛形本『丹前ひいなかた』に描かれている、「禿菊《かむろきく》」（図11）という名称の菊花です。禿菊は１７１８（享保３）年刊の小袖雛形本『西川夕紅葉』にも見ることができます。

この禿菊は、果たしてどのような花形であったのでしょうか。

禿菊という名称は、同時代の菊の栽培書や銘鑑など菊の専門書には見ることができません。かろうじて、時代が１００年以上も降った１８４６（弘化３）年に刊行された菊の栽培書『菊花壇養種』（図12）に「小禿」

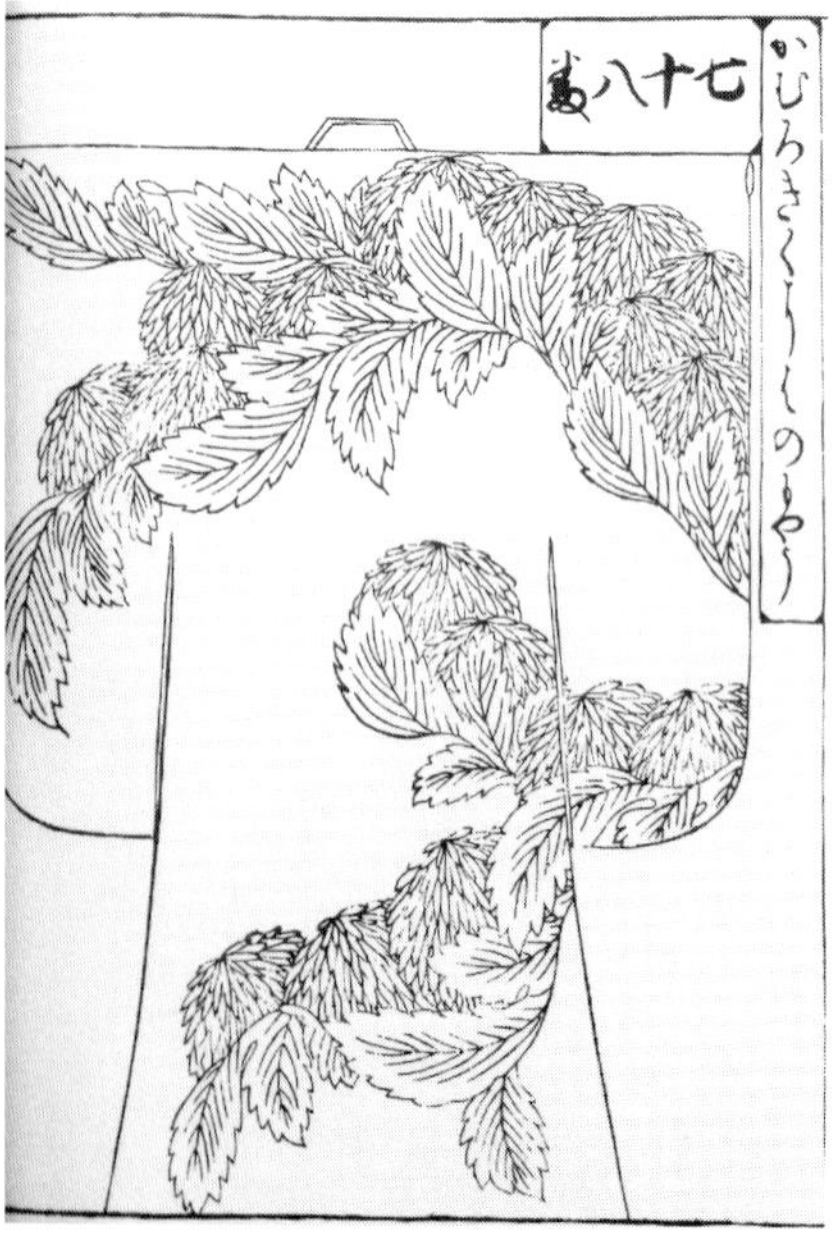


**図 11　丹前ひいなかた**

上野佐江子編『小袖模様雛形本集成』第2巻，学習研究社，1974 年より複写転載．

と「禿丁子」という花形が描かれています。しかし、それほど写実的な描写ではいないため、『菊花壇養種』の絵から明確な特徴を抽出することは困難です。

おそらく、禿菊という名称は、禿のおかっぱ頭を想起させるような花形であったことに由来しているのでしょう。したがって、盛り上がって咲く花形であったことが、まずは考えられます。そして、小袖雛形本の絵から推測すると、花弁の表側を見せるように花びらが垂れてくるような咲き方をするものだった可能性が考えられます。このような花形は、西洋で育種されたいわゆる洋菊に見ることができます。今日の日本では、盛り上がって咲くタイプの菊花は、まずもって花弁の裏側を見せるように育種されています。しかし、洋菊では、花弁の色がより鮮やかとなる表側を見せるような品種改良も進められています。こうしたタイプの菊も、当時は楽しまれていたのかもしれません。

おそらく、禿菊は、玄人筋の菊の栽培家が用いるような専門的な名称ではなく、一般的な人々が使っていた通俗的な呼称であったのではないかと思われ

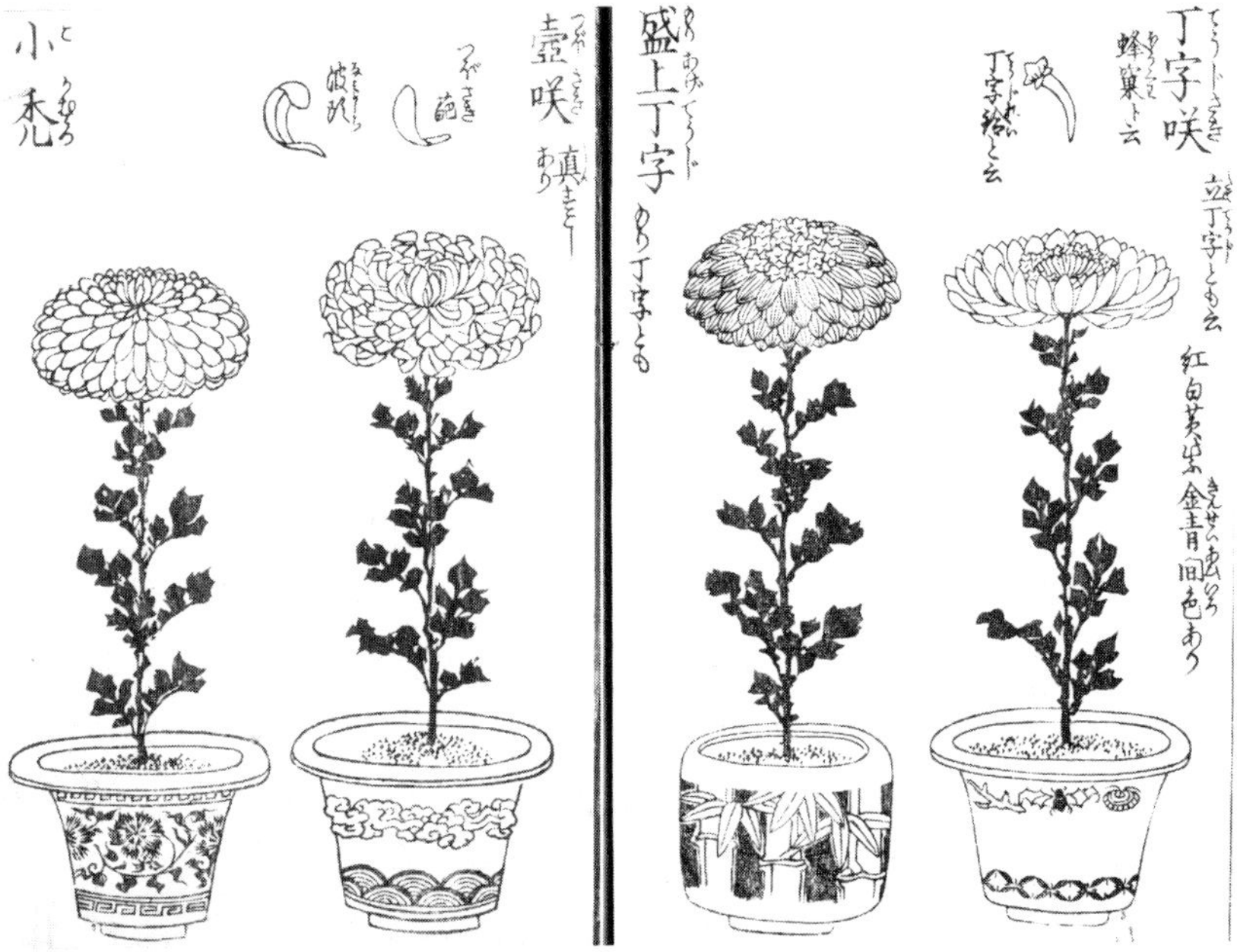


**図 12　菊花壇養種**
国立国会図書館蔵.

ます。確かに、『菊花壇養種』には「小禿」と「禿丁子」の名称が見えていますが、『菊花壇養種』はどちらかといえば初心者向けの入門書という性格が強い栽培書です。

## 18世紀の半ば以降

さて、話を戻し、再び小袖に見る花形の移り変わりを追いかけていきましょう。

先ほど『雛形菊の井』に菊合わせの図柄があることを述べましたが、１７５７（宝暦7）年刊の小袖雛形本『雛形袖の山』（図13）にも、菊合わせの図柄を見ることができます。両者の菊合わせの図柄を比較してみると、『雛形袖の山』にしかない花形があることに気づきます。それは、舌状花が線状に描かれている花形です。これは、肥後菊のように細い花びらが隙間をあけて並んだ様子の表現であろうと考えられます。

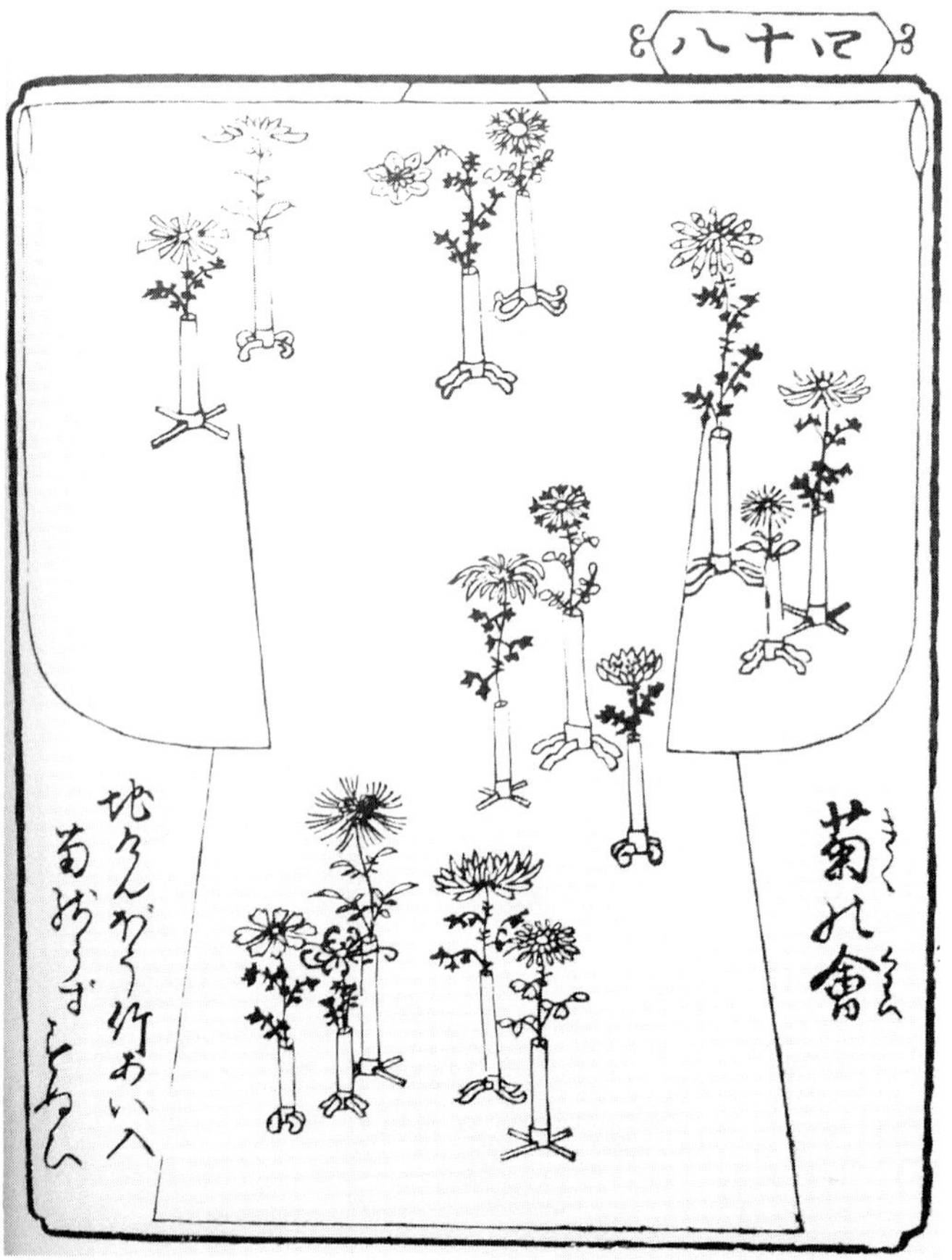

**図 13　雛形袖の山**
上野佐江子編『小袖模様雛形本集成』第 4 巻，学習研究社，1974 年より複写転載．

18世紀中期以降では、このような肥後菊のような花形も非常に多く見られるようになります。例としては、18世紀後期の作の「菊松模様小袖」（図14）があげられます。また、1822（文政5）年の墨書銘を伴い、小袖から仕立て替えてつくった「流水柳薔薇菊模様幕」（図15）では、菊花は花びらが細くて少ないうえ、管状、さじ状、先端に切れ込みが入ったもの、ねじれが加わったものなど、

**図 14　菊松模様小袖・部分**
本館蔵．カラー写真参照．

**図 15　流水柳薔薇菊模様幕・部分**
本館蔵．カラー写真参照．

さまざまな花形が見られます。花びらが細くて少ない花形が多く見られるようになるのも、やはり、実際の菊花の流行を反映してのことでしょう。少し時代は下がりますが、1855（安政2）年に文溟が描いた菊花図譜『竹室園中造菊数』（図16）を見ると、花びらが細く隙間のあいた品種が半数ほどを占めており、こうした花形も人気を集めるようになっていた様子が窺えます。

かくして、小袖には、18世紀中期以降、多種多様な菊花のかたちが出揃うようになりました。そして、各種の花形の菊をとりそろえることも行われ、そうした模様は、小袖雛形本で「菊づくし」「寄せ菊」などと呼ばれています。

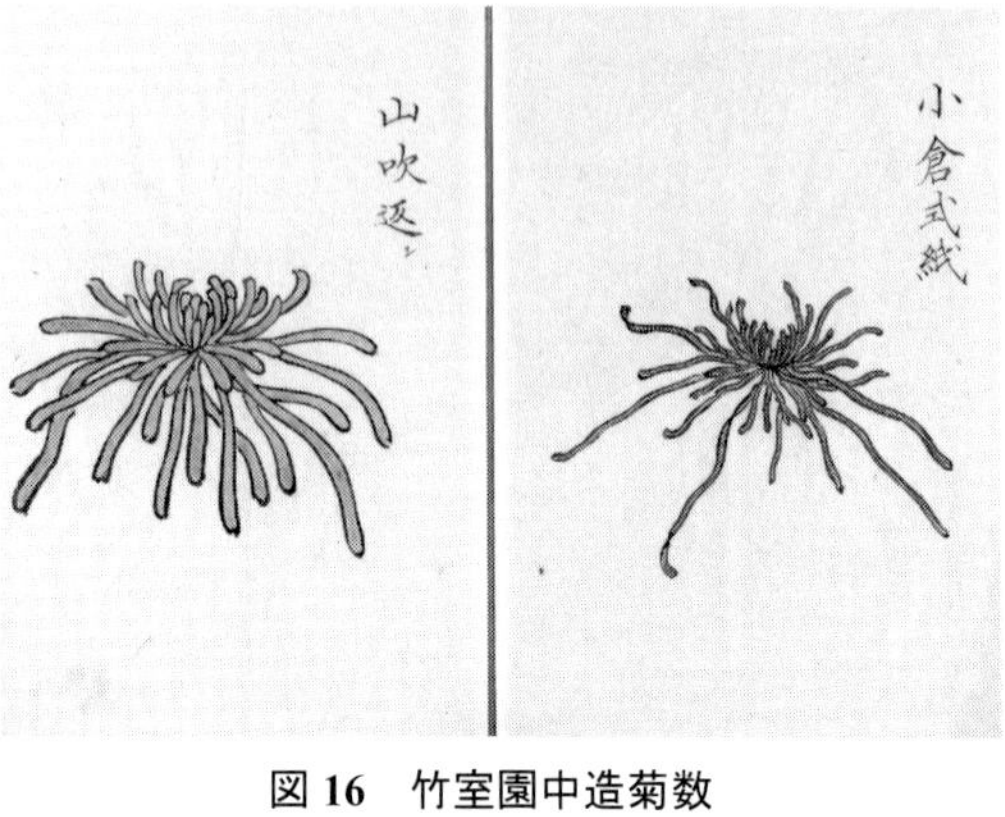

**図 16　竹室園中造菊数**
国立国会図書館蔵.

## 階層による相違

19世紀には、公家と武家それぞれに特徴的な小袖のデザインが完成をみせています。公家と武家、それに町人の小袖にあらわされた菊花を比較してみると、それぞれの菊花の表現には相違が見られます。

公家と町人の小袖では、多彩なかたちの菊花が人の眼にとまるようになった時代性を反映し、多種多様なかたちの菊花があらわされています。「雪華菊尽模様帷子」（図17）は公家の料、「菊籬模様振袖」（図18）は町人の料ですが、どちらにもさまざまな花形の菊花が見られます。ただし、公家の小袖では、細い花びらが垂れ下がり気味となった伊勢菊風の花形が好まれる傾向にあります。制作時期は明治時

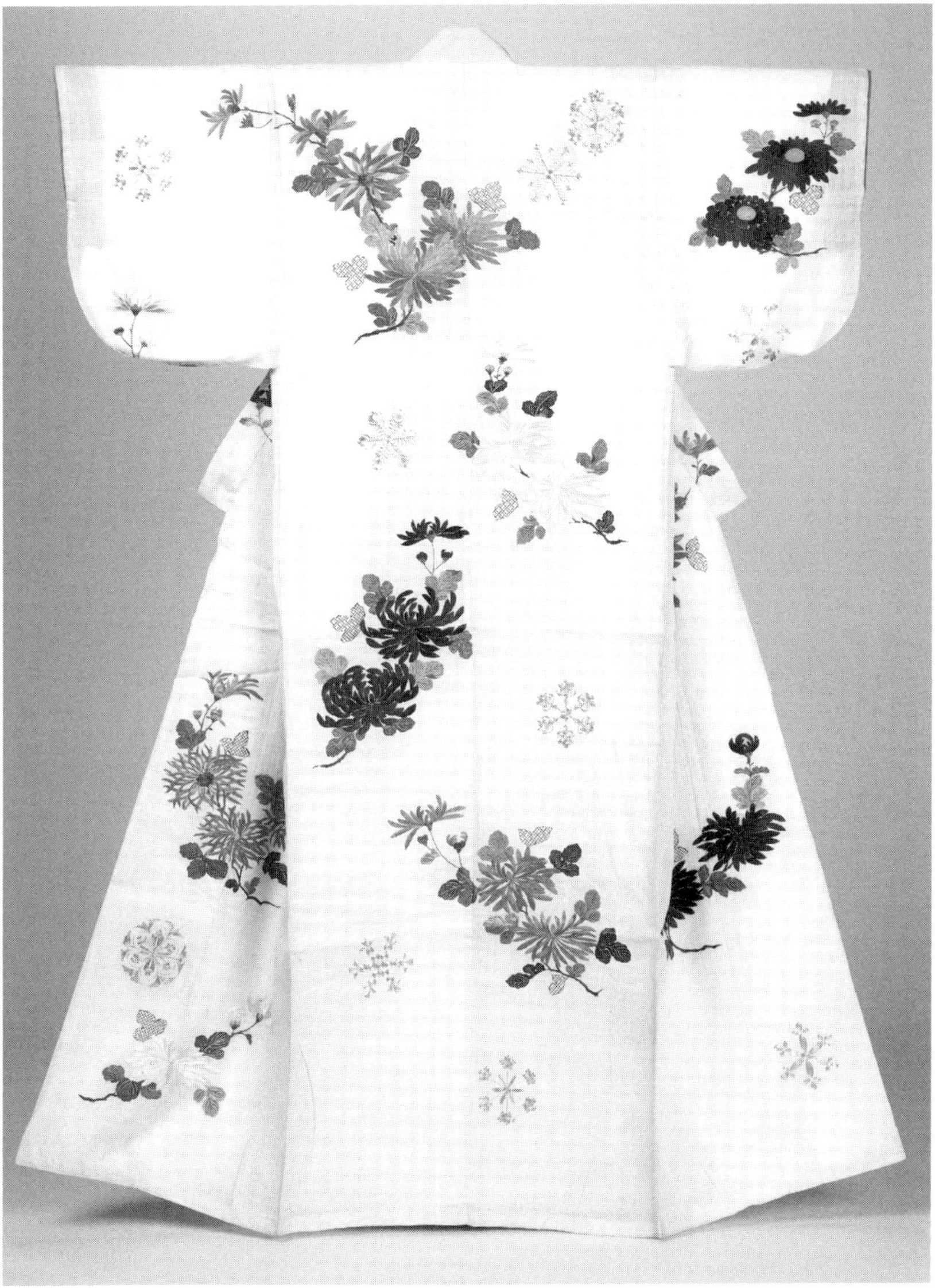

**図 17　雪華菊尽模様帷子**
本館蔵．カラー写真参照．

**図 18　菊籬模様振袖**
本館蔵．カラー写真参照．

代となりますが、「矢絣菊楓躑躅模様小袖」（図19）や、1881（明治14）年の銘文を伴い、小袖を仕立て替えてつくった「菊松藤模様打敷」（図20）が、伊勢菊風の菊花をあらわした公家の料の例として挙げられます。

一方、武家の小袖では、菊は単純な花形の場合が多く、花芯のない一重に近い形で類型化していま

**図 19　矢絣菊楓躑躅模様小袖・部分**
本館蔵．カラー写真参照．

**図 20　菊松藤模様打敷・部分**
本館蔵．カラー写真参照．

す。「菊岩笹模様振袖」（図21）は、その例ですが、露を添えていることから、謡曲「菊慈童」を暗示する模様と考えられます。武家の小袖では、このように模様は謡曲や物語を暗示するものとなっており、菊そのものよりも、むしろ、暗示されている文芸が主題であったため、菊はわかりやすい単純な花形で表現されているのでしょう。

江戸時代にはさまざまな植物の品種改良が行われていました。小袖にあらわされた菊を調べていくと、禿菊のように菊の専門書のみでは見落としがちな情報が得られる場合がありました。しかし、ほかの園芸植物についても同様のことができるとは限りません。また、小袖の模様に、菊ほど多彩な花形の変化を反映している植物も、他にはありません。これらの点は、菊こそが、もっとも広く愛好されていた園芸植物であったことの証しともいえましょう。

**図 21　菊岩笹模様振袖・部分**
本館蔵．カラー写真参照．

# 8　参勤交代と菊作りの広がり

岩淵　令治

参勤交代については、大名の経済的な負担の大きさや、移動や交通の問題などが研究されてきましたが、最近では、江戸での課役（拙稿：江戸城警衛と都市「日本史研究」583号、２０１１年）や、移動の結果として江戸と地方の文化交流の側面も注目されるようになりました（コンスタンチン・ヴァポリス『日本人と参勤交代』柏書房、２０１０年ほか）。本日は、東北の外様小藩である八戸藩（二万石・盛岡藩南部家分家）の菊栽培を事例に、参勤交代に伴う園芸文化の伝播の実態について、お話しいたします。とくに、こうした江戸の園芸の伝播が一方的な受容ではなかったこと、また武士層のみならず上層の町人にも広がりをみせていたことに留意していきたいと思います。

## 八戸の菊作り

では、まず八戸の菊作りの状況についてみておきましょう。今日でも八戸は食用菊が有名で、たいへん菊になじみの深いところです。今回、食用菊についてはとりあげませんが、菊を食べる習慣は、後でご紹介します（天明２〈１７８２〉年成立の「菊作方覚書」でも確認できます）。

まず図1は、菊の番付の写しです。「為延命」とは、やはり「菊慈童」の伝説にみるように菊が長寿の象徴だったからでしょう。八戸藩南部家文書（八戸市立図書館蔵）にあったもので、勧進元に食用菊で有名な銘柄「阿房宮」があることから、八戸の番付と考えられます。「慶応四辰九月吉日於庭前興行仕候」とあることから、最幕末に行われた興行の結果を記したものであることとわかります。多種多様な品種があったこと、また興行とはおそらく闘花会・花競でしょうから、こうした作品を持ち寄って競っていたことがわかります。八戸における菊栽培の隆盛がうかがわれます。

上級藩士遠山家の日記（八戸市立図書館蔵）には、手製の菊を人にあげたり（「乎焉先生江菊花少々遣」〈寛政５（１７９３）年９月16日〉）、菊をもらって植える（「清之進より菊到来、為植」〈文化11（１８１４）年５月７日〉）、さらにもらった菊に自身の手製の菊を加えてまた人にあげる（「小笠原八弥より菊之花到来」「斎藤曽仙老・藤田竜碩江到来之菊并手作取まぜ二十宛差遣」〈享和２（１８０２）年10月10日〉）といった記述があり、遠山家とその周辺の藩士で菊を栽培していることがうかがわれます。また、菊見の催

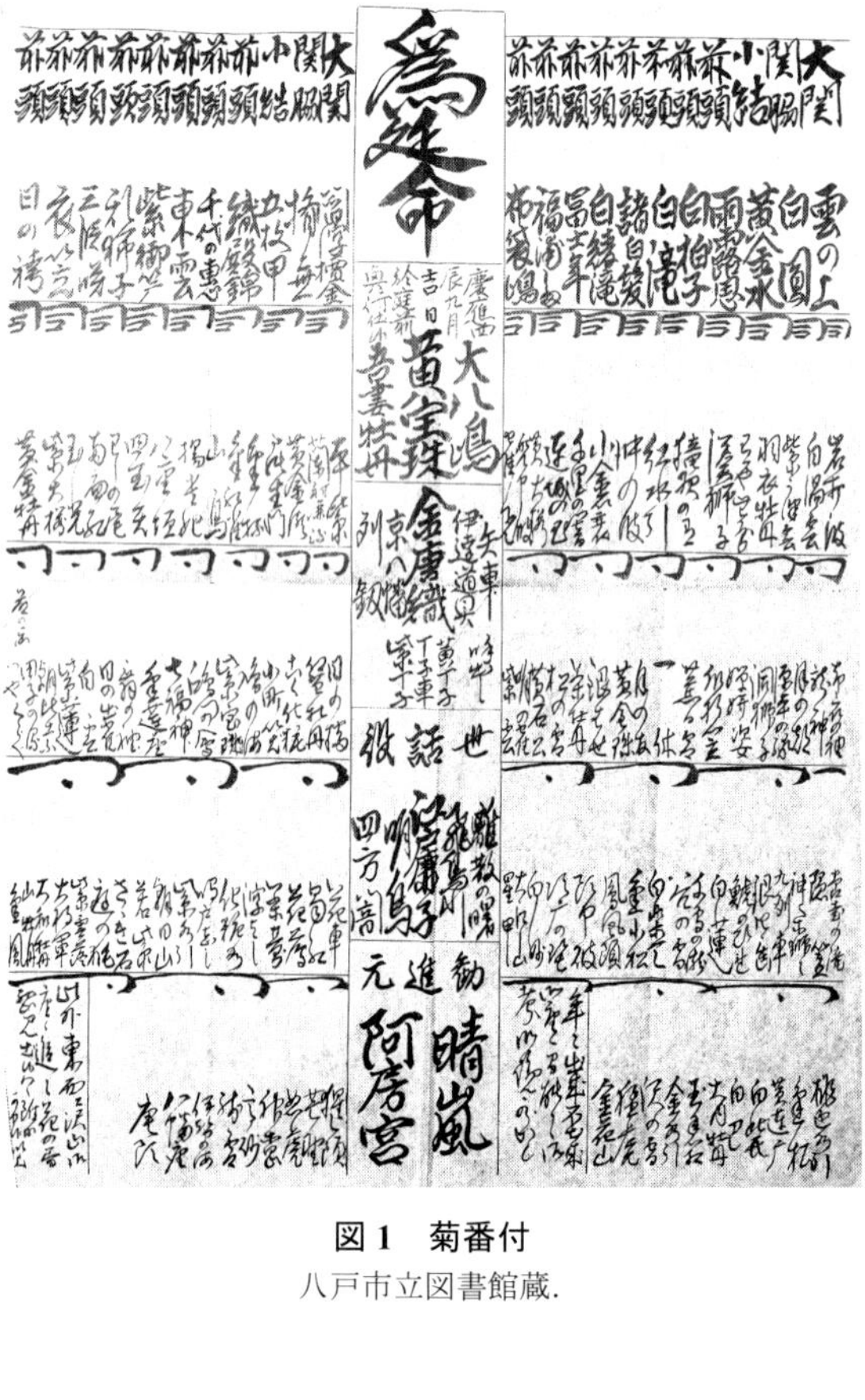


**図1　菊番付**

八戸市立図書館蔵.

しが行われていたことも確認できます（「小笠原八弥手作之菊為見候ニ付、夕方より罷越候様申来候ニ付罷越、内丸よりも御出、源右衛門殿も被参、種々馳走ニ相成罷帰」〈文化3（1806）年9月22日〉）。菊見では、酒食も楽しまれたようです（「今昼時より、白井八右衛門殿より庭前之菊見罷越候様、同役衆一統へ申来ニ付、八時より一統罷越、尤一統より酒五升持参、新蕎麦并吸物酒種々馳走ニ相成、夜分罷帰」〈文化8（1811）年9月6日〉）。このように、藩士たちの間では、18世紀末から19世紀にかけて、菊を楽しむ文化が定着していたことがうかがわれます。

この遠山家の文書（八戸市立図書館蔵）のなかには、「むらもみぢ」という菊見の記録の写本があります。実際に愛でた菊の図やそれを楽しんで詠んだ連句を記しており、八戸での菊の楽しみ方がわかる重要な史料です。序文は、「文化八（筆者註1811年）未暮秋中旬」となっていますが、執筆者が不明ですので、まず花見の開催主体を検討してみたいと思います。

「むらもみぢ」とは、木々がまだらに紅葉していることで、「殿様」（八代藩主信真）が、十七夜の月の光がさしこんで、菊に紅葉の影が出ている情景を「むら紅葉　いとゝうつろふ　月影に　なを弥増る　色々の菊」と歌ったことにちなんで題名にしたとしています。この信真の歌のほか、徹三郎（第八代南部信真三男忠文　1800年6月八戸生～1817年4月江戸没）、以下15人による連句が記録されており、佐藤求馬（「畔風」）、太田喜満多（「一峨」は「一硪」の誤りか）など藩士の名前が見えます。この花見の開催は、藩主が秋に相撲上覧をした際、菊が見られないのが残念だと周囲に洩らしたことが契機になったとされています（「いつしか大碇・立波か角觝を　（敬意表現の欠字　以下同じ）上覧有つる砌、此秋は庭に菊もなしやと　仰有つるは、過ぎし年菊を　御覧に入れける事ありし故也、然るに今既に秋に至、後れたりといへとも菊作らん事をおもへたち、遽《あわただしく》に菊を求め、相撲の芝居をならして植立けるより此かた、何れもとり〱に手入せし甲斐有てついに花開らき　上覧に備へん事を願ひしかは、辱も　出御有て各歓ひ合へり（後略）」）。力士のうち「立波」は特定できませんが、「大碇」は盛岡出身の力士で大碇仁兵衛と思われます（飯田昭一『江戸時代相撲名鑑』下、日外アソシエーツ、２００１年、289頁）。「八戸藩目付所日記」、「八戸藩御用所日記」によれば、花見の２年前にあたる文化６年９月21日に、徹三郎ほか藩主の子供たちと〝お忍び〟で来た藩主が、藩の八戸の祈祷寺である豊山寺で相撲を上覧し、寺の手作りの菊も見ています（「（前略）今日豊山寺　御子様方（＊主計　徹三郎）角力被　遊御覧候ニ付御領内御町在々角力心得之者共兼而向々ヲ以御呼出被　仰付、尤殿様御忍ニ而四時ゟ被為入、「豊山寺手作之菊并梨子榛献上當役披露、被遊　御逢　御盃被成下」）。この時の準備では、八戸ほか盛岡から力士が集められており、「大碇」もその一人だったと思われます。そして、同じく「八戸藩御用所日記」によれば２年後の文化８年９月17日に城の書院の庭で菊見が行われています（「夕七時過ゟ御書院御庭之菊為　御覧　御子様方御同道被為　入緩々御酒被召上」）。この時の記録が「むらもみぢ」と思われます。おそらく、豊山寺の相撲上覧のおりに菊を見て藩主信真が洩らした一言で、２年後の菊見の開催となったのでしょう。信真は文化７年４月から８年２月までは参勤交代で江戸にいますから、開催まで間が２年あいたのは、そのためと思われます。

以上のことから「むらもみぢ」は、藩主家族とその側近による八戸城内の花見の記録と考えられます。では、実際の花を見てみましょう。花の図は10点で、とくに形が変わったもののみを惜しいので図にしたとしています（「色々手入して形異なる菊を其儘捨置ん事を惜みて、一もと（一本）きりに写し取て姿を顕ハしぬ、此外形常たる菊多しといへとも、爰に略し畢」）。「浅香山」「黄金の滝」「蜃気楼」など名前だけのものもありますから、このほかにも多くの普通の花が愛でられたようですが、その全貌は明らかではありません。ここでとくに注目したいのが、菊を景物に作り込んだものです。図2は、高さ約1・2m、幅1・5mの孔雀を摸したもの（「丈　四尺、横　五尺」「孔雀丸の菊」）、図3は高さ約1・4m、幅約2mの扇を摸したもの（「丈　四尺五寸、横　六尺五寸」「菊の扇花」）、そして図4は高さ約1・5m、横約1・1m、帆が約1・5mの舟を摸したもの（「丈　五尺、横　三尺五

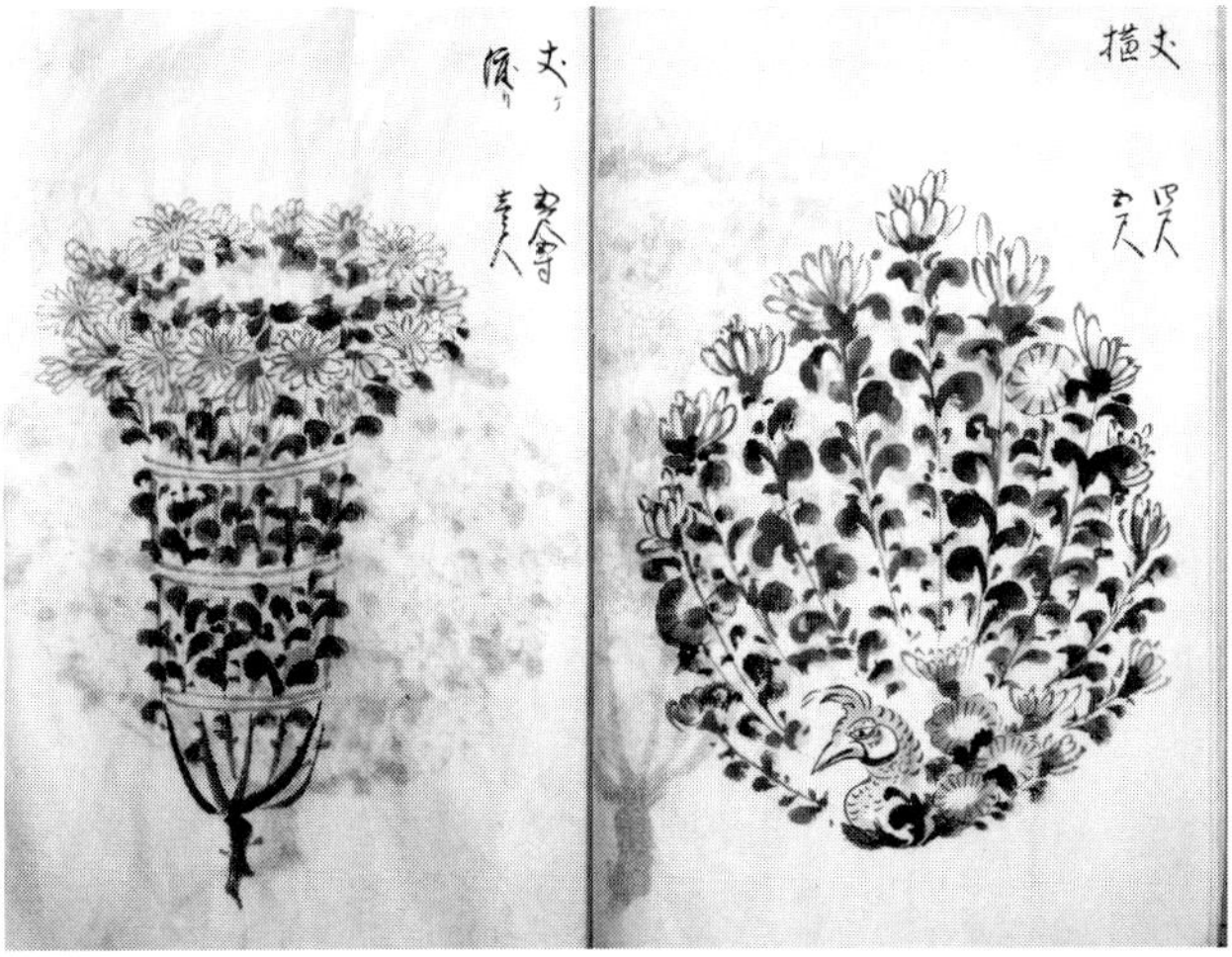

**図2　孔雀を模した菊（右）**
八戸城内の花見の記録「むらもみぢ」
（八戸市立図書館蔵）より．

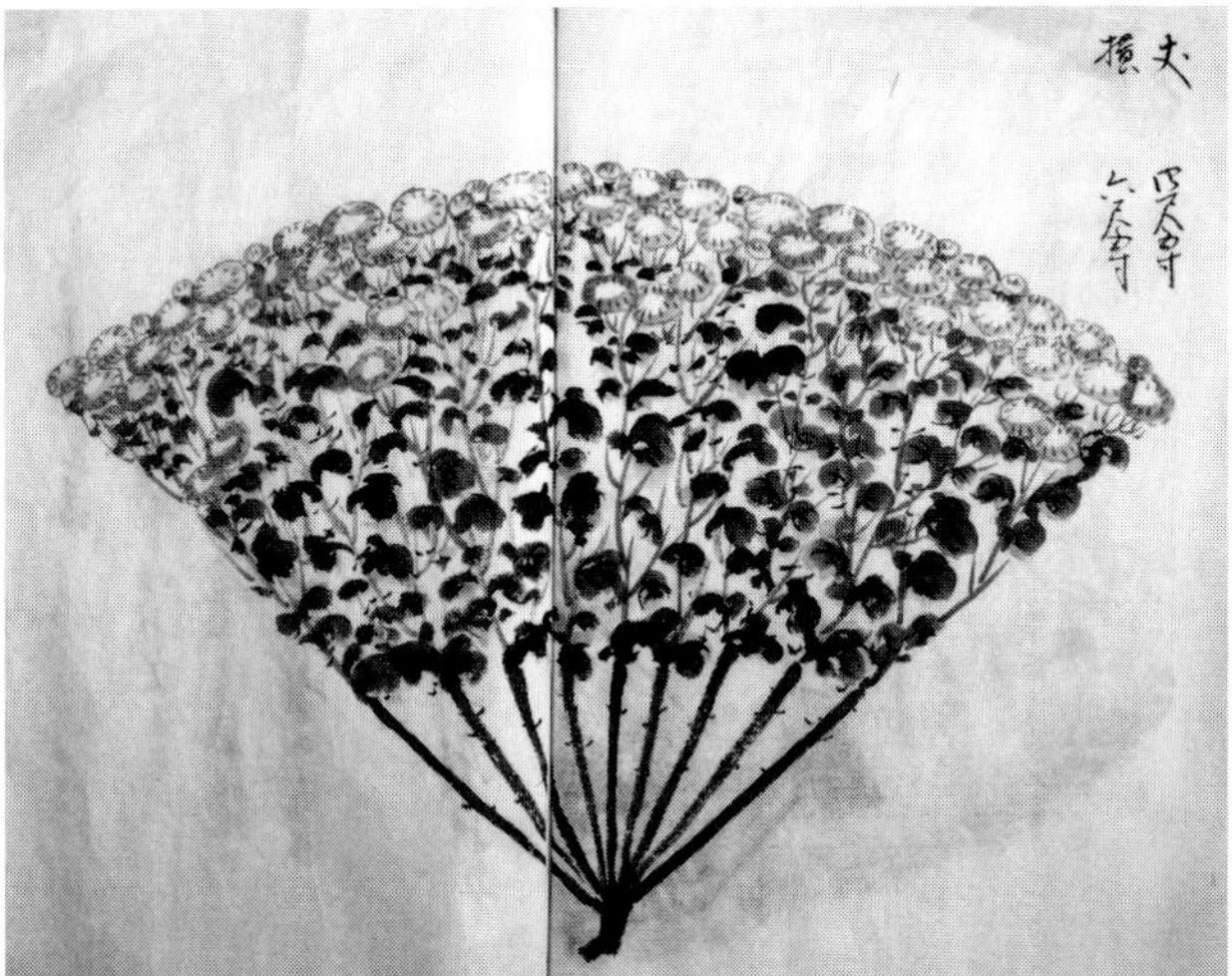

**図3　扇を模した菊**
八戸城内の花見の記録「むらもみぢ」
（八戸市立図書館蔵）より．

寸、帆　三尺五寸」「谷の雪といふ菊船」）です。「三九郎か手入の菊を御庭江かり上」・「三九郎船」・「吉野丸」とあるので、おそらく最後の菊船は三九郎という人物が作ったものを持ち込んだと思われるのですが、残念ながら人物を特定できません。こうした景物を摸したいわゆる菊細工、作り物は、19世紀の江戸北郊（染井・団子坂）の植木屋で人気を博した見せ方でした。おそらく、この八戸の菊見の見せ方も江戸からもたらされたものと考えられます。ちなみに、和歌山から江戸に参勤交代で来た紀州田辺家（紀州藩付家老）の医者は、こうした「いはゆる巣鴨作り」の見せ方を俗なものだと批判しており（「扇面、団扇或ハ帆かけ舟の形ニ作りし、甚しきハ人形ヲ傭ひ、小菊を括り付、赤白黄に色取りて、衣服の様ニ作りなしたるもあり、実ニ俗中の俗なる物」〈「江戸自慢」『未刊随筆百種』第八巻、中央公論新社、２０１５年〉、上方の武士には違和感があったようですが、八戸ではこのような菊細工が菊見の一部に取り入れられていたわけです。

　こうした江戸からの影響ですが、参勤交代による藩士の勤番が大きなきっかけの一つとなったと思われます。以下、三つの史料からその様相をみていきたいと思います。

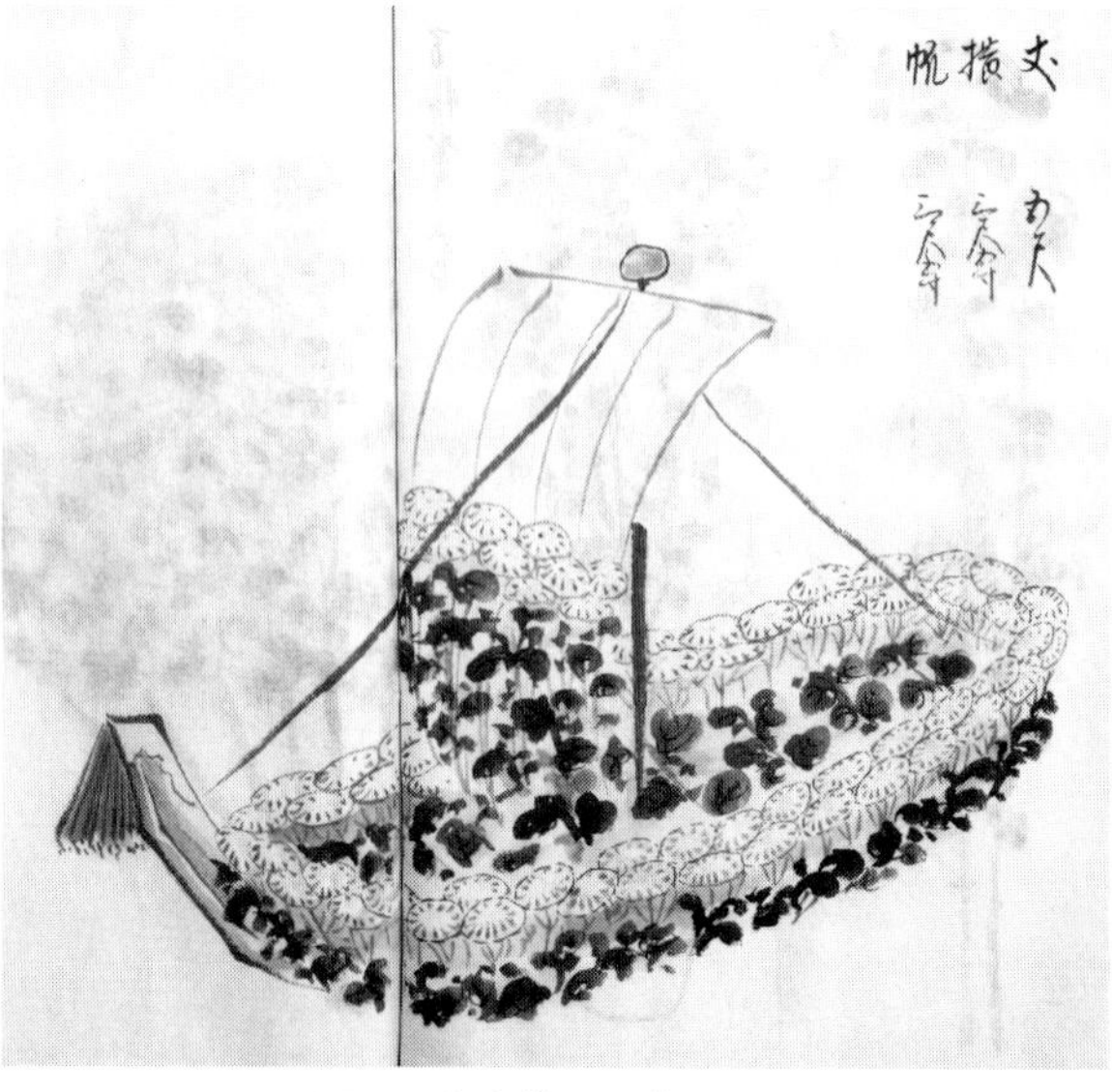

**図４　舟を模した菊**
八戸城内の花見の記録「むらもみぢ」
（八戸市立図書館蔵）より．

## 上級藩士の江戸での買い物―遠山家の日記・小遣帳

上級藩士の遠山家は、寛政4（1792）年から大正8（1919）年まで、約110冊にものぼる日記を記しています。そのなかで、江戸の滞在分の日記が10冊あり、また別に小遣帳が4冊残っています。これらの記録をみると、頻繁に寺社の縁日に出かけ、万両、梅、霧島つつじ、染井で買った「植木色々」、朝顔の種など多彩な園芸品種を購入し、さらに舟で八戸に送っていることがわかります。遠山家の当主は、江戸滞在中は江戸の上屋敷（現港区六本木）で生活するのですが、自分で楽しむだけではなくて、人に配ることも含めて、国元にさまざまな品種を送っているのです。また、遠山家は知行地と別に耕作地を所持して作物を育てていましたが、おそらくそこで使用するナス・大根・唐辛子の種やさつまいもなども送っています。このように、参勤交代の結果、江戸の園芸品種や作物の種子、道具が八戸に送られていたことがわかります（拙稿：八戸藩江戸勤番武士の日常生活と行動「国立歴史民俗博物館研究報告」138、2007年）。

図5は、上級藩士遠山家の文書のなかにあった「菊名集」という史料です。86の菊の品種と花の特徴を書き上げたもので、多様な品種が存在していたことがうかがわれますが、このなかで、とくに注目したいのが「江印」と書いてある25品種です。たとえば栄螺堂という品種がありますが、この栄螺堂とは、螺

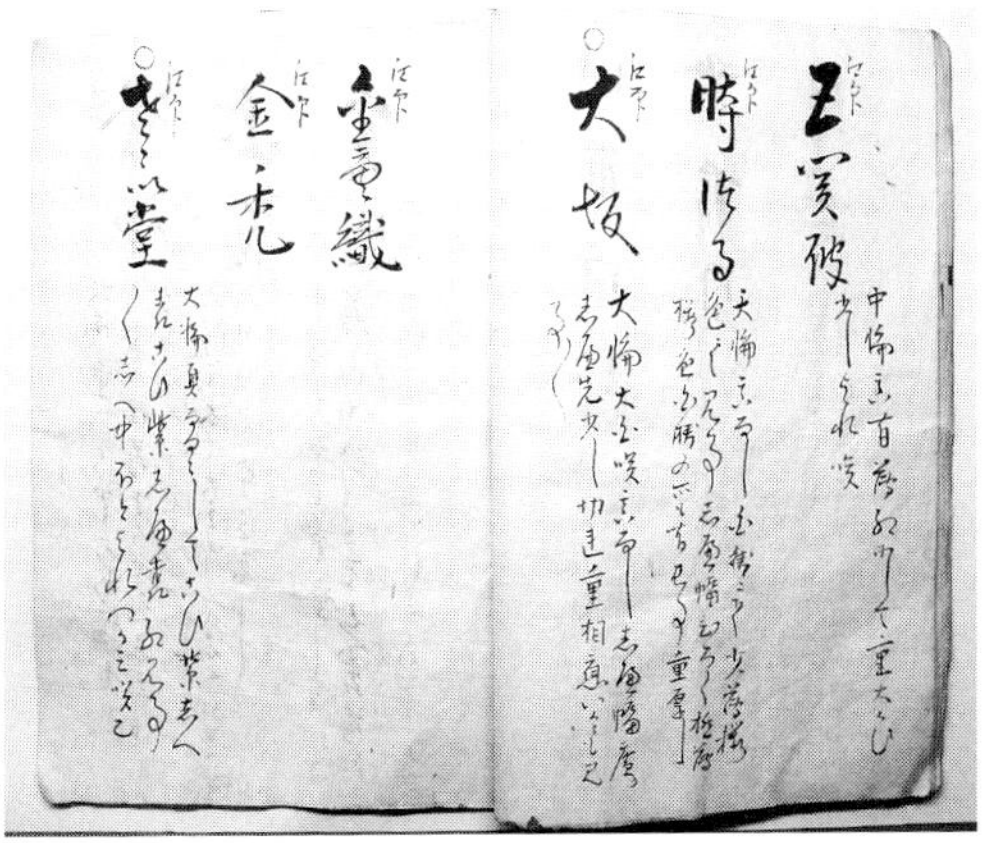

**図5 「菊名集」**
八戸市立図書館蔵.

旋階段で登りと下りが行き会わないような趣向を凝らした変わった建物の名前です。会津など東北地方にも所在しますが、有名だったのが本所の羅漢寺の栄螺堂で、これにちなんだ名前だったと考えられます。おそらく、「江印」とは江戸から来た品種で、遠山家のように、参勤交代に伴って購入したものが多かったのではないかと思われます。

## 「菊作方覚書」

次に、参勤交代に伴う、江戸からの技術の伝播についてみていきたいと思います。遠山家には、「菊作方覚書」という菊の育成書の写が残されていました。八戸青年会文庫（八戸市立図書館蔵）のなかにも、藩士から寄贈された同文の写本があることから、この育成書は、八戸藩士の中で写本として流布していたと思われます。

作成者は、八戸藩士の上級藩士徳武新蔵（一五〇〇石）です。徳武は「花月堂」という号を名乗っており、おそらく俳諧がさかんな八戸で、俳諧も嗜むなど、文化に素養のある人物だったと思われます。序文には、〝菊は他の草木と違い、花が開くまで数月の日数がかかるが、また花が盛りの期間も長く、楽しみがある〟もので、自分は無類の菊好き（予無他数寄也）で江戸で苦労して教えを得たので、子孫で菊が好きな者も出て来たときのために記した（「子孫に好候ものも有之やと、爰に記置也」）とあります。これが、さまざまな人に写されていったわけです。

徳武が江戸で得た知識は、大きくは二つの情報源によります。一つは、八戸藩の下屋敷に近い、渋谷の宮益町の隠居僧からのもので、育成書の一冊目の内容にあたります（写本は二冊を一冊にまとめています）。序文によれば、徳武は、江戸の勤番のたびに、菊を植えている人に、教授を懇望したのですが、幕府の御家人や、出家に至るまで、菊作りが「職分」、つまり趣味ではなく、ほとんど生業になっていたため、教えてもらえませんでした（「仮初におしへす」）。そこで、名人と聞いている宮益坂の浄土真宗のお寺の隠居僧につてをたどって頼んだところ、〝みな商売として作っているから仲間のほかには伝授はしないが、自分は楽しみのために作っているので仕事ではなく、あなたは八戸から江戸に来ている大事なお客さん（「遠国の貴客」）で、老後の楽しみに作りたいと言っているから〟ということでようやく教えてもらったというのです。

もう一つの情報源は、同僚の親戚である湯長谷藩の藩士と、下屋敷に出入りしている商人の妻でした。この情報が、二冊目の内容になります。

この育成書は、菊の育成書の刊行の空白期に作成されていることから、じつは当時の江戸の様子が分かる貴重な史料です。そして、その江戸の菊の育成技術が八戸でどう受け止められたかということもわかるので、二重に面白い史料だと考えております。今回は、八戸での受け止め方についてみていきましょう（全貌の検討について拙稿：武士の園芸〈「東京都江戸東京博物館調査報告書」29、２０１５年〉参照）。

まず、先行する八戸の風土や習慣に合った「御国風」を意識して、「江戸風」を取捨選択しているというのが面白いところだと思います。選択にあたって記述されるのが、「寒国」です。江戸と気候が全然違いますので、そのままでは駄目だということです。また、土質の問題、土地の広狭の問題があげられます。さらに、「遠国」というのが出てきます。江戸の奢侈な文化をそのまま持ってくるのではない、という意識だと思います。たとえば、江戸の道具というのをそのまま持ち込むのは憚かられるので、世間に対して遠慮する（「世間へ対し遠慮」）という下りがあります。いわば社会的な自制という観点で取捨選択しているのです。

以下、具体的にみていきましょう。まず、先行する八戸の菊作りの状況です。すでに八戸には、隠居した元八戸藩士白井八右衛門という〝菊作りの達人〟がいました。ちなみに、さきにみた遠山家の日記で遠山を菊見に招待した同姓同名の人物は、この人の子孫です。また、菊作りを野菜作りに例えることがある点も興味深いところです。たとえば、植える時期はいんげんとささげが出る頃に植えろ、種播きをするのは春夏の種をまく時がよい、植える前の施肥はナスをまく時と一緒でよい、といった具合です。さらに、江戸で菊の芽が出た時に仲間で品評する様子を、八戸でナスのごとし、と表現しています。八戸ではこのころナスの葉を見て品評会をやっていたようなのです。遠山家の日記・小遣帳から国元に野菜の種を送っていることを確認しましたが、野菜作りは意外と八戸の上級藩士にとって身近なのですね。そうした環境のなかで、園芸も身近な楽しみとなったのかもしれません。

肥料の作り方は、江戸の人に習いながら検証した上で、江戸も田舎も、まだ植物が活発に育たない冬の時期に予備的に撒く肥料（「寒こひ」）はやっておいた方がよいとします。植える時期については、江戸は仮植えは3月、本植えは4月ですが、八戸の場合は「土地の嗜みをもって」仮植えは4月、本植えは6月がよい、と気候にあわせて変えています。そして植えた後は、上に葭簀を掛け、無風の時は葭簀を外しておくのが、八戸の土地にはよいと言っています。ということは、江戸だと葭簀は外さないということなのでしょうか。それから環境が厳しいということなのでしょうが、江戸では百本植えても、花壇に植えられる立派な菊は13〜14本しかないが、八戸では4〜5本出るか出ないかだと述べています。

次に手入れですが、肥料の分量や、見せるように作っていくための竹の組み方や、茎があまり太くならないように植え替えをする秘伝について、江戸と違うやり方を説明しています。たとえば、江戸は最初庭前の南向きの場所に植えて、花が半開きになったら花壇に移し替え、仮植えの時には竹を組んで、竹のままで移す（「籠植え」）のに対して、八戸では花が半開きの頃に竹を組み替えるだけだと記しています。仕立て方も、「江戸作方」というのは「御国風」とは違うとしています。また、江戸では開花時期に防水の油障子で囲むのに対して、八戸の場合は霜囲い程度にすべきで、囲を金銭に任せて江戸から取り寄せるのは世間に対して遠慮すべきだとしています。武士の発想なのか禁令の影響なのかわかりませんが、先ほど申しましたように、奢侈的ではないようにふるまうということが意識されていました。さらに、江戸では翌年植える場所に秋から肥料を入れ、冬から菊を植えて、春からすぐに枝立てして夏菊を愛でることがあるが、八戸は「寒国」なので夏菊はできないとしています。

花が終わった後、江戸では花を取って別の場所に移し替えて肥料をやると芽出しがあるが（いわゆる〝実生《みしょう》〟か）、八戸は「寒国」で、掘り返して移し替えても結局花壇から芽は出ないので、やめた方がよいと記しています。

私は、このように、江戸の技術を苦労して学びつつ、八戸にどう適応させたらいいかと記述している点が、非常に興味深いと考えております。

一方、八戸の黄色い小菊「くりから鬼一口又ハ八月菊」が、逆に江戸で広がったという話が書いてあります。かつて公用で江戸の下屋敷で育成して上手くいかなかったが、筆者の徳武が努力して育成に成功し、屋敷外、つまり江戸で広がったと記されています。

以上のように、参勤交代を通じて、国元に品種・道具の実物のみならず、技術の情報が伝わり、国元でアレンジされて摂取されたのです。そして逆に八戸の品種が江戸に送り出されることもあったのです。

## 「植木扱書」―町人への波及

これまで武士層の中での広がりについてみてきましたが、最後に「植木扱書」（八戸市立図書館蔵河内屋文書）という史料から、商人層へのひろがりをみておきたいと思います。この史料は、八戸城下の商人河内屋（橋本家）文書の一つです。河内屋は呉服の商いから酒造、質屋に転じ、文化4（1806）年には藩の「御用聞」の一人（『八戸市史』通史編Ⅱ 427頁）として確認される有力商人で、現在も八戸酒類株式会社として営業を続けています。大正13（1924）年の八戸大火後に作られた店舗は「旧河内屋橋本合名会社」として国の登録有形文化財に指定されています。

「植木扱書」は、末尾に「右江戸御屋敷御庭師五左衛門よりの伝書、森重大夫様より御伝受　嘉永五壬子年五月吉日」とありますので、八戸藩の江戸屋敷に出入りしている庭師五左衛門の「伝書」を「森十太夫様」が伝えたもの、ということになります。この「森重太夫様」とは、給人格四駄二人扶持の下級藩士で、弘化3（1846）年3月に父九伝治より家督を相続したのち、嘉永3（1850）年3月に江戸に参勤して「常御供」・「小道具頭」・「御買方」・「奥向御普請下奉行」を勤め、同5年4月29日に八戸に帰国しています（八戸市立図書館蔵「御勤功帳」）。森家は重太夫が江戸滞在中に河内屋から金五枚の借金をし（河内屋文書3―182）、また河内屋から注文を受け、江戸から裃や紙類（上半紙一〆・中半紙二〆・雲州切紙二〆）、さらには「植木鉢三ツす（簾）からけ（絡）并鉢植七ツ」を送るような関係にありました（河内屋文書3―182、8―183、10―27）。こうしたことから考えて、この史料は森重太夫が参勤交代中に庭師から得た情報を、帰国直後に伝えたものと考えてよいでしょう。重太夫自身が園芸に興味があったかは不明で、河内屋からの指示があったかも不詳ですが、河内屋の興味に合わせて聞き取ったものであることは確かでしょう。

さて、「植木扱書」には、松・桜・椿・サザンカ・蘇鉄・松葉蘭・万年青、そして「駿河菊」「松葉菊」の育成法が記されています。藩邸出入りの植木屋、つまり、いわば江戸のプロから教わった技術が伝えられたということになります。ここでは、二種類の菊の記述を紹介します。原文は、以下の通りです。

駿河菊　植替之時節、五月中頃・八月中頃、植土ハ赤土へ油かす、又ハほしかを少々入れ、白めなる荒砂ヲ多ぐ入まぜ合ニ而植付、水ハ四五日目位仕、長雨の節ハ取こみ候而宜、尤井戸水ハ悪しぐ、雨水取置候か、又ハ風呂の水宜、肥しふん類ハ悪しく、置所極日陰、冬ハ土蔵の内宜御座候

松葉菊　植替之時節、五月・八月、植土ハ赤土堅キかたまりくたき、鉢底へ極あらきを入、根廻りへ中位入、上へ細きを入、又ハへこを割てまぜ植付ても宜しぐ、水ハ日陰持ニて四日目ほど、陽地持ニ而二日目位そそぎかけ、長雨の節ハ取こみ、冬ハ土蔵内宜しぐ、肥しハ駿河菊同様

駿河菊については、植替えの時期は5月中頃と8月中頃で、土は赤土に油粕や干鰯を少し入れ、さらに白目の荒砂多く入れて作ること、水は4～5日目ぐらいから与え、長雨のときには取り込むのがよい、井戸水は冷たすぎてよくないので雨水を溜めるか風呂の水を与えるのがよい、肥やしは糞類がよく、置くところは日陰がよくて、冬は土蔵がよいとしています。また、松葉菊は植替え時期は駿河菊とほぼ同じで、土は赤土の固まりを砕いて鉢底に粗いもの、根の廻りには中ぐらいの大きさのもの、上の方には細かい土を入れ、「へこ」（シダ類か）を割ってまぜてもよいとします。また水は日陰なら4日目、日の当たるところなら2日目に与え、以下は駿河菊とほぼ同じ記述となっています。「よろ

しぐ」など口語で記されていることも興味深いところですが、鉢植えの技術である点が注目されます。
　この技術が実際にどのように応用されたかは明らかにできませんが、参勤交代で江戸に滞在した藩士によって、商人層にも技術が伝えられた点が重要かと思います。

　参勤交代については制度的な研究が多いのですが、実際に多くの武士が動く中で、さまざまな文化の交流が起こりました。そのなかで江戸の園芸も広まっていったわけです。遠山家の日記にみるように、実際に種や鉢植、またジョウロや植木鉢などの道具を江戸から国元へ送っています。さらに育成の技術も育成書というかたちで、藩士層に広く共有されるとともに、藩士と関係の深かった商人にも広まっていることが確認できました。参勤交代によって伝わる園芸は、武家だけには留まらないわけです。そして、菊作りが盛んだった八戸には先行して「御国風」があり、伝えられた「江戸風」を取捨選択しながら自分たちの菊文化を作っていった点が重要です。
　八戸はとくに菊作りが盛んな地ですが、おそらくどの藩でもこうした文化の交流があったのではないかと考えております。これから他藩の例なども探していきたいと考えております。

**付記**　「上級藩士の江戸での買物」の項の詳細は拙稿：八戸藩江戸勤番武士の日常生活と行動（「国立歴史民俗博物館研究報告」138、２００７年）、「菊作方覚書」の項の詳細は拙稿：武士の園芸（「東京都江戸東京博物館調査報告書」29、２０１５年）をご参照されたい。

# 9　冬の華　サザンカ

箱田　直紀

くらしの植物苑でサザンカ展を始めたのが２００１年ですから、今年が15年目です。毎年、展示会が始まる最初のところで解説会、それから展示期間中に観察会というのを行いまして、もう30回お話をしていますから、今までのまとめみたいなつもりで、サザンカとはどんなものかということと、なぜ「冬の華」なのかということについてお話していきます。

私たちのイメージですと、サザンカというのは晩秋から初冬にかけての花で、冬の華ではないのですが、ここでは展示の都合があって秋に古典菊展がありますから、サザンカは冬の華になっています。これには別の理由もありまして、現在のサザンカは本当に冬の花に様変わりし、サザンカ自身のイメージも変わってきています。後半は花の写真が中心ですから眺めていただいて、今年も12月から1月にかけてサザンカ展をやりますので、その展示を見ていただくための基礎知識ぐらいに考えてください。

## ツバキの仲間は日本に4種類

まず、サザンカの周辺から始めます。サザンカはツバキの仲間です。日本には4種類のツバキが自生しています（図1）。

**ヤブツバキ**（写真1）

皆さんが一般的に「椿」と思っているのはヤブツバキで、よく御存知の花だと思います。図1の太い線で囲まれたところが自生範囲です。日本全国に野生していますから、場所によって少しずつ変化があります。たとえば、伊豆大島のヤブツバキの花はやや紫がかって大型だとか、山陰方面に行くと小型で可憐な花が多く、九州の南部には果実の大きいツバキが目立つとか。地域によって少しずつ変異があるのですが、全体としてはヤブツバキです。

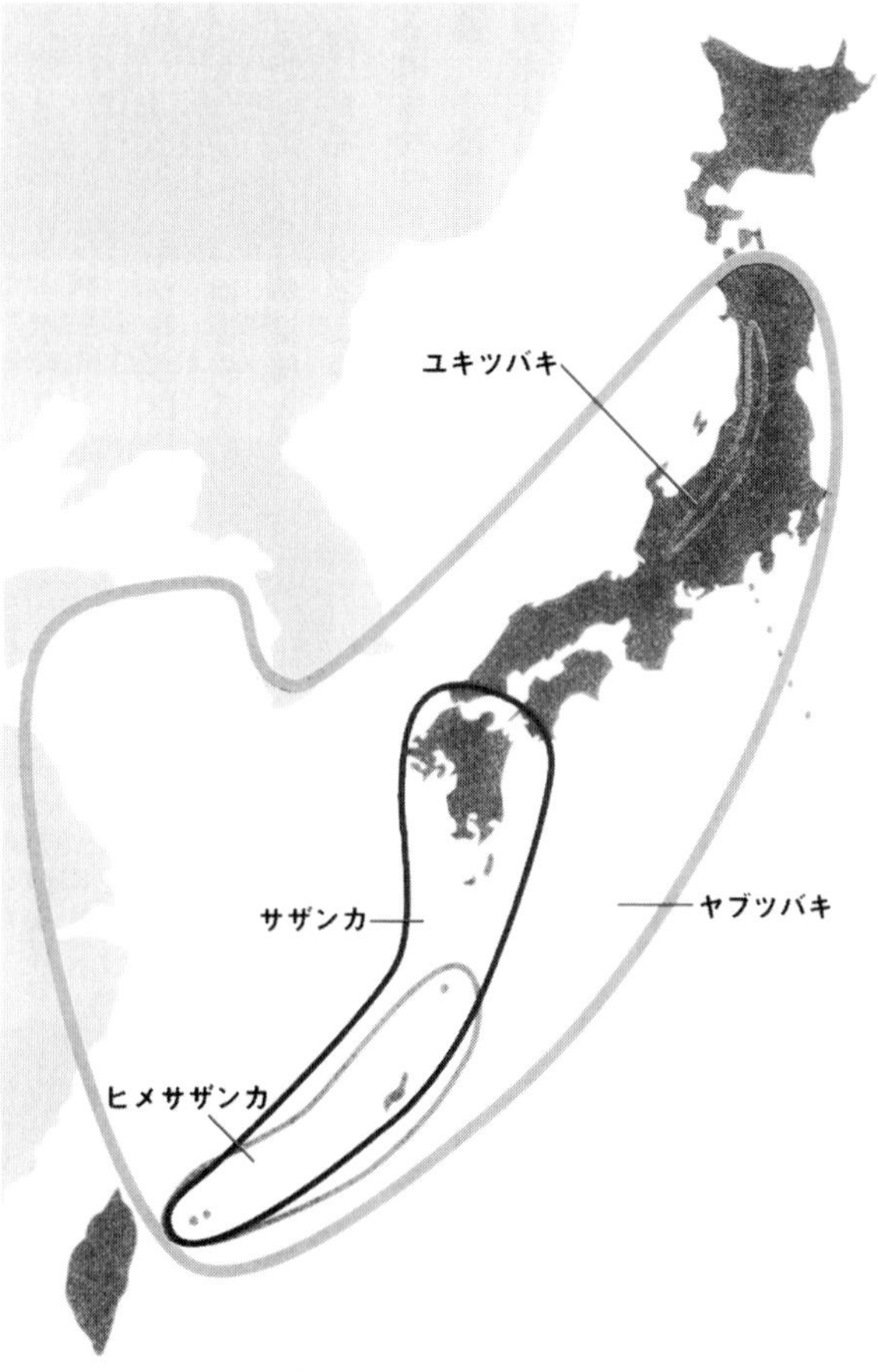


**図1**　日本におけるツバキ属の分布　　筆者作成.

**ユキツバキ**（写真2）

名前から白い花を想像しそうですが、赤花です。見た目はヤブツバキとかなり違います。どちらかというとサザンカに近いような花形なのですが、分類的にはヤブツバキに近くて、人によってはヤブツバキの亜種にしますが、私は別種として扱っています。冬は雪の下に埋もれ、雪が溶けると途端に花を咲かせて実を結ぶという、日本海側の多雪地帯に適応したツバキです。秋田から山形を通って新潟・富山・滋賀にちょっとかかる範囲の山岳地帯に自生しています。

**サザンカ**（写真3）

今日の主役であるサザンカの野生種は、白花です。この一重咲きの白花からさまざまな色や形の園芸種が生まれてきたのです。九州・四国から沖縄が原産です。

**ヒメサザンカ**（写真4）

奄美から沖縄に野生している花の香が強く、直径が3㎝ぐらいの小さな花です。最近は外国でも、

写真 1　ヤブツバキ

写真 2　ユキツバキ

写真 3　サザンカ

写真 4　ヒメサザンカ

ツバキの花に香りをつけようという育種材料にヒメサザンカが盛んに使われています。

## サザンカの自生範囲

野生するサザンカが、自生のものか栽培系統か、はっきりしないところがたくさんあります。サザンカもツバキと同様に種子から油を搾るために、切らないで残したり栽培したりしますから、人工と自然の区別がはっきりつけにくいのです。

サザンカの自生地をポイントで表示すると（図2）、四国の西南部および九州のほぼ全域から沖縄の石垣島や西表島にかけて点々と分布します。かつては佐賀県の背振山系の千石山が自生の北限地として大正時代に天然記念物に指定されましたが、その後の調査で壱岐島にもあるということになり、さらに最近では山口県萩市の指月山のものが自生と考えてよいだろうということになりました。その

**図2　サザンカの自生地**

図中の●は，現在までに自生が報告された地区，および筆者が自生を確認した地区を示す．筆者作成．

ような経過があって今日では、本州は萩市だけで、あとは四国西南部と九州から沖縄の西南部へかけてがサザンカの自生範囲ということになっています。

そのような背景も含めて、ここのくらしの植物苑のサザンカは、基本的には鉢植えで育てています。これには2つの理由があります。一つは、くらしの植物苑は面積が広くありませんから、外に植えるだけの場所がなかったことと。もう一つは、サザンカは西南日本の原産で、栽培すれば関東でも充分に越冬しますが、花が秋から冬にかけて咲くものが多いため、霜にあたると花が傷みやすく、鉢植えにすればハウスのなかで管理でき、あるいは鉢を軒下に並べれば冬でも花が楽しめるということです。結果として、鉢植えにしたため、晩秋から冬を通して花が楽しめることになりました。

## サザンカ園芸品種のあゆみ

野生サザンカ、すなわち一重白花のサザンカ（写真3）から園芸品種が生まれ、色は桃色や紅花まで

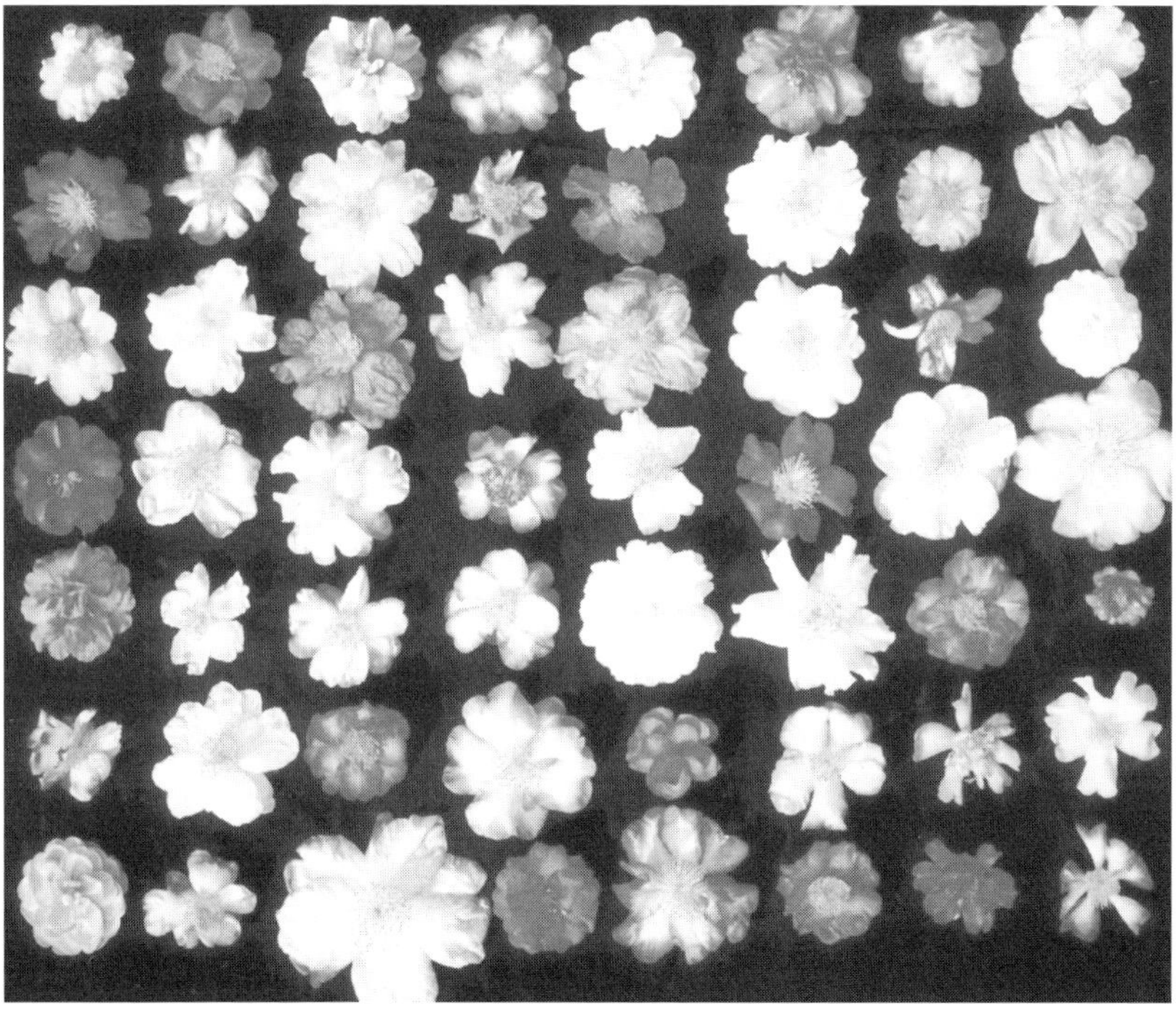

写真 5　園芸品種のサザンカ

あって花形もさまざまです（写真５）。結論を先にいうと、江戸時代あるいはそれ以前に現れたさまざまな変わり花が庭園に持ち込まれて栽培化される過程で、サザンカの園芸品種のなかにヤブツバキの血が入り込み、さらにそれらの園芸品種がサザンカやツバキと交雑を繰り返した結果が、今日引き継がれてきた園芸種であると考えられています。

簡単に歴史をみていきましょう。江戸時代のはじめころにサザンカの園芸品種は

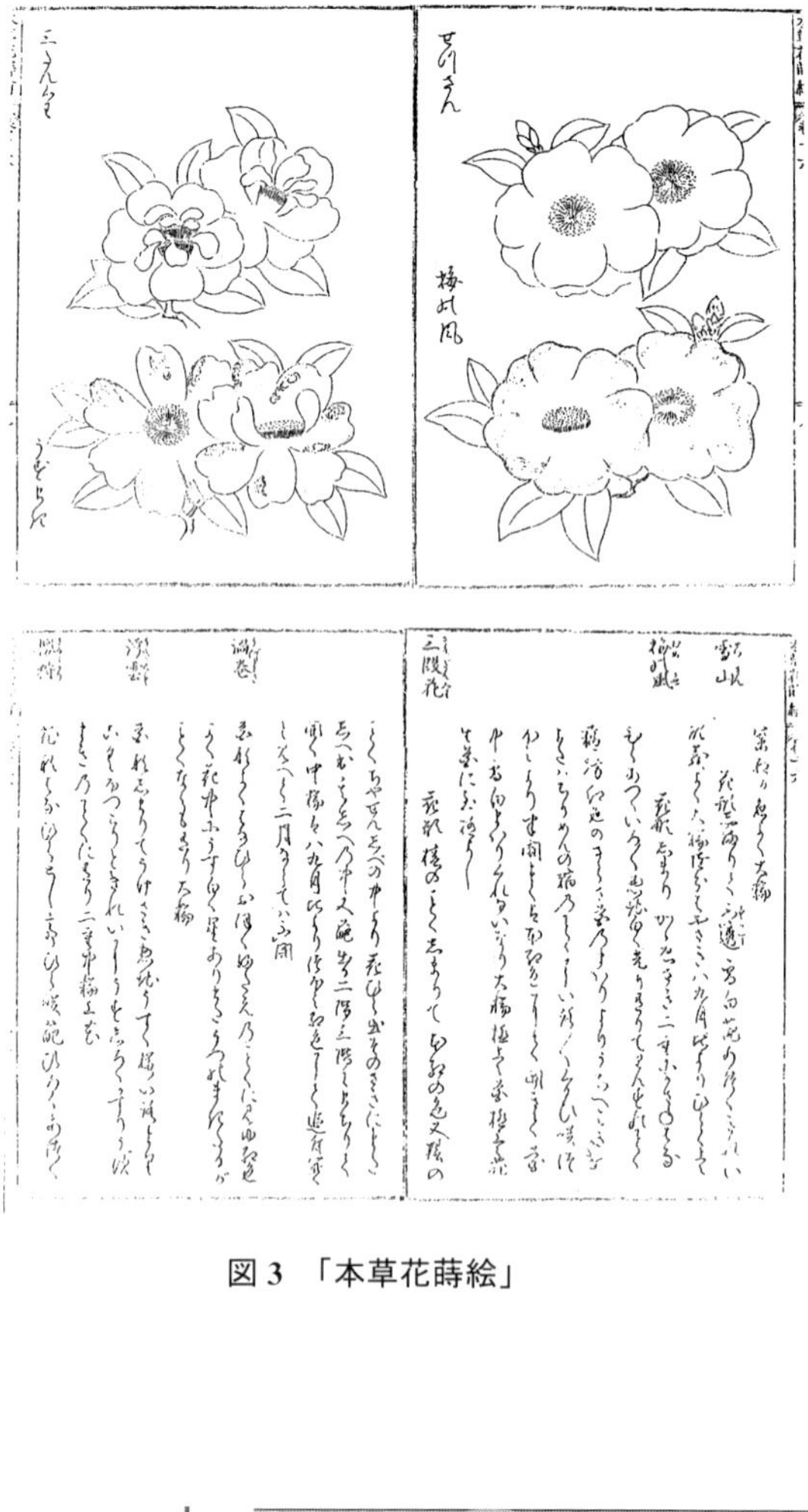

図 3 「本草花蒔絵」

図 4 “江戸大薄色”
原画は彩色．白花に縁が紅．
「椿花図譜」より．

図 5 “鎌倉”
原画は彩色．濃い赤紫．
「椿花図譜」より．

急激に増えています。ツバキ品種の発達とほとんど平行しており、ツバキは表《おもて》でサザンカは裏《うら》のような関係で発達します。図3は1739年に書かれた「本草花蒔絵」という園芸書で、このうちの一つの巻にサザンカ100品種が載せられています。たとえば〝三段花〟という品種は、花のなかの雄しべ筒のなかからさらに花弁がでて三段に咲くという解説があり、この花は現在でも残っています。

宮内庁に保存されてきた「椿花図譜」という椿の図譜も同じころの園芸書と考えられ、そこには700余りのツバキの変わり花が描かれています。サザンカは19図だけで、付足し的ですが、それでも貴重な資料です（図4）。この図譜に掲載されている〝鎌倉〟という品種（図5）は今日でも栽培されており、これが後から出てくるサザンカとツバキの雑種と考えられている中間的な特徴をもった初期の園芸種です。

1835年にシーボルトらが著した『フロラ・ヤポニカ』中にもサザンカの図があります（図6）。右下にある白花が野生型のサザンカで、赤い花はサザンカとツバキの雑種と考えられ、今日でも九州・京都・三河方面に大木があります。つまり、このころ増殖されて各地には運ばれた初期の園

**図 6　『フロラ・ヤポニカ』に描かれたサザンカ**
原画は彩色．中央は赤花（雑種），右下は白花（野生型）．

芸種であろうと考えられています。

明治になると、植木屋さんたちによって品種の「番付」表がつくられました（図7）。相撲の番付と違って真ん中が横綱格で、いまでも名花といわれる〝東雲《しののめ》〟〝舞の袖〟〝七福神〟など優雅な品種名が並んでいます。花の品種に名前をつけるのは、バラでもボタンでも洋の東西を問わず共通ですが、ツバキやサザンカの名前は自然の風物が中心で、しかもそれも多くは和歌の世界のイメージに由来します。盛んに品種名がつけられたのは江戸時代や明治期ですから、いわゆる和歌の時代ではないのですが、平安王朝文化への憧れのようなものまで引き継がれてきたようです。

## サザンカの古木

全国にサザンカの巨木が残っていますので、いくつか紹介します。写真6は九州の平戸島にある推定樹齢450年といわれる古木です。写真7は山口県のサザンカ古木で、瀬戸内海の島々にも、大きな株が何本もあります（写真8）。

京都の詩仙堂にも、大きなサザンカがありました（写真9）。写真10は、きれいに掃き清められた白砂の上に散る花びらを

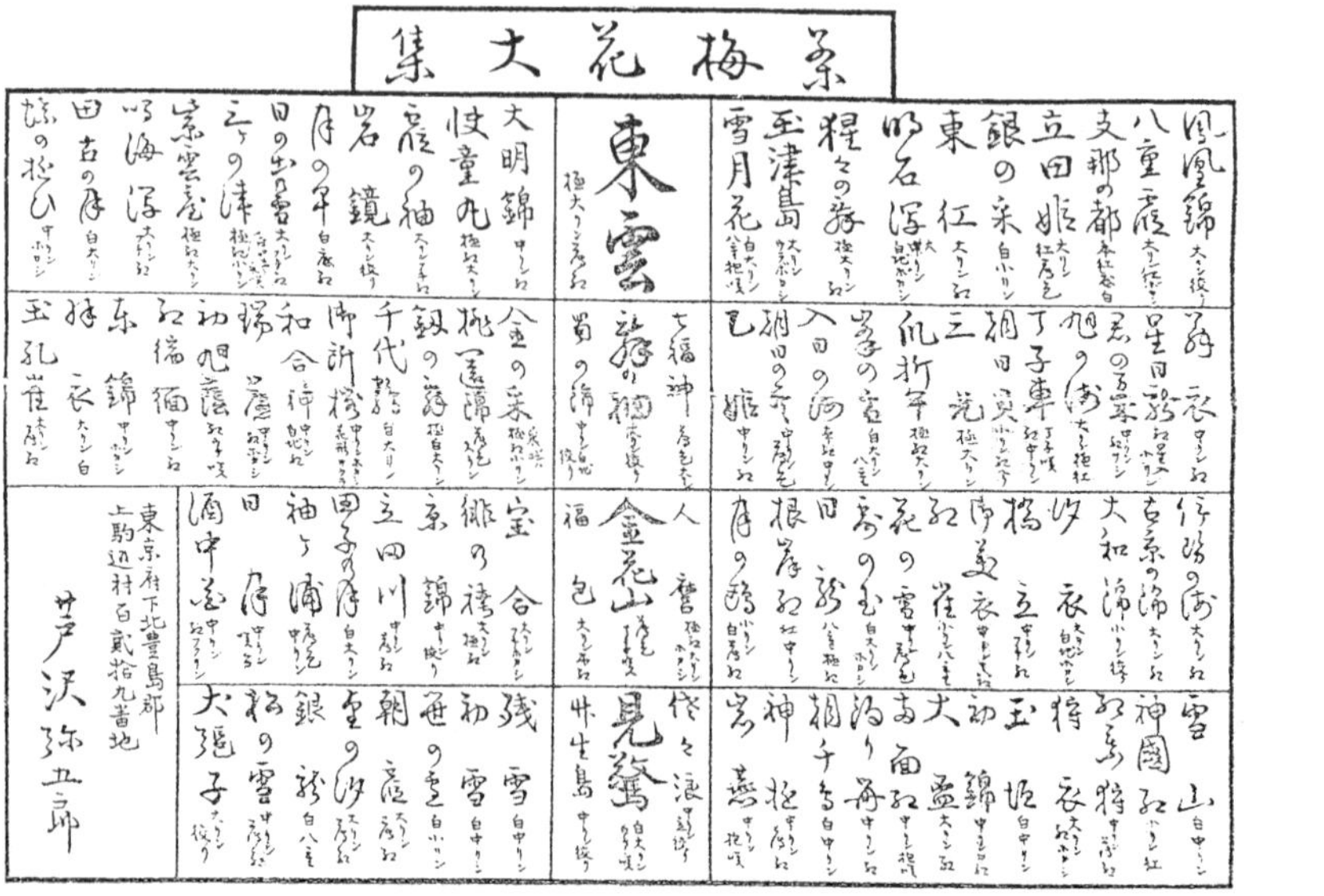


図7　明治期につくられたサザンカの番付

写真 **8**　瀬戸内海の生口島の古木

写真 **9**　京都詩仙堂の大サザンカ

写真 **10**　サザンカの花が落ちた詩仙堂の庭

写真 **6**　平戸島の古木

写真 **7**　山口県厚狭の古木

写したものです。大海原に雪が散る風景に喩えているのだそうで、花びらが散りやすいサザンカ独特の観賞方法だと感心したものです。ところが、この樹齢400年といわれてきた詩仙堂の大サザンカは、神戸淡路大震災の直後に倒れてしまったのです。周辺には大きなサザンカたくさんありますから、いずれ次代が詩仙堂の大サザンカの名を引き継いでいくのだろうと思います。

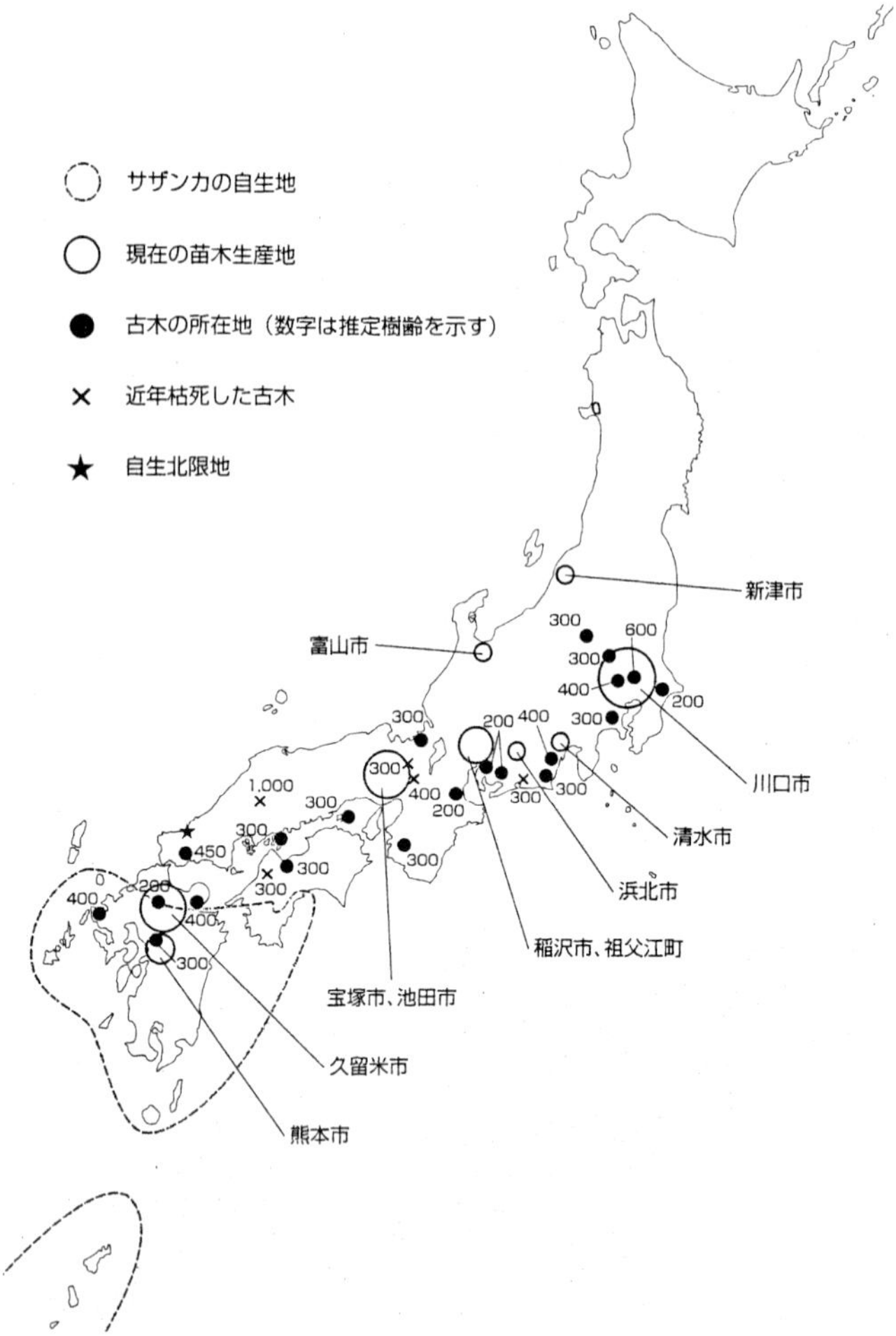


図 8　サザンカの自生地，古木，生産地の分布
筆者作成.

樹齢200～300年以上のサザンカの古木の全国分布（図8）をみてみましょう。左下が野生のサザンカの分布範囲で、古木は近畿地方から関東まで分布しています。東北地方にはありません。現在では東北地方でも結構サザンカが栽培されていますが、何十年～百年に一度というような寒波が来ると枯れることがあります。それでも生き延びる範囲となると、関東平野の上部あたりまでが限界のようです。しかし、積雪の多い日本海沿いの地域では意外と冬は温度が下がりませんから、秋に咲いたサザンカが冬に眠って、また春に咲くので、多少観賞用に栽培したり、増やしたりしています。図8中の大きな丸は、主としてサザンカが生産されている地域です。ですから、だいたい日本だと自生は九州・四国ですが、栽培適地は日本の真ん中あたりまでといえそうです。

## サザンカが冬の華となった理由

ツバキの仲間は日本から世界に広がって、世界の園芸植物に生まれかわっています。そのなかで圧倒的に多いのが、ヤブツバキあるいはヤブツバキを基にした園芸種です。たとえば世界にはツバキの品種は3千とも、人によっては6千あるともいわれていますが、その8割以上はヤブツバキの関与した品種です（図9）。ツバキの野生種、園芸種に対してサザンカの野生種もありますから、これが長い野生や栽培の歴史のなかで、ツバキと複雑に自然交雑を繰り返したと考えています。

サザンカとヤブツバキとの自然雑種として生まれたものを総称して「ハルサザンカ」と呼んでいます。これは一つだけではなく多様であり、中間的なものや両方の血をより濃くもったものなどがあります。そのなかに「カンツバキ」というグループがあります。これは園芸的な分け方なので、カンツバキといっても冬咲きのツバキではなくて、サザンカの中の1グループと考えてください。はっきりした出どころがわからないのですが、サザンカとツバキの園芸種の血が入っていると考えられています。さらにそれらに園芸種のツバキやサザンカが交雑し、サザンカの園芸種の範囲が拡大してきたと考えています。

しかも、秋咲きのサザンカに春咲きツバキの血が入りますから、花の時期は後ろにずれます。ですから、12月から2月ぐらいの中間的なところに咲くものが増えてきたのでしょう。しかも冬咲きには八重の花が多いのも特徴です。苗木の生産者も華やかな八重の品種が売りやすいため増殖します。結果として市場に出まわる品種は八重咲きが多くなり、花の時期は遅くなって、全体としては冬の花に変化してきたようです。

サザンカ園芸種の発達は400年以上の歴史があるのですが、八重の花が増えてきたのは、わずかこの50年です。50年の間にサザンカはどんどん様変わりして、結果として冬の花になって、八重咲きが中心に変わってきたようです。

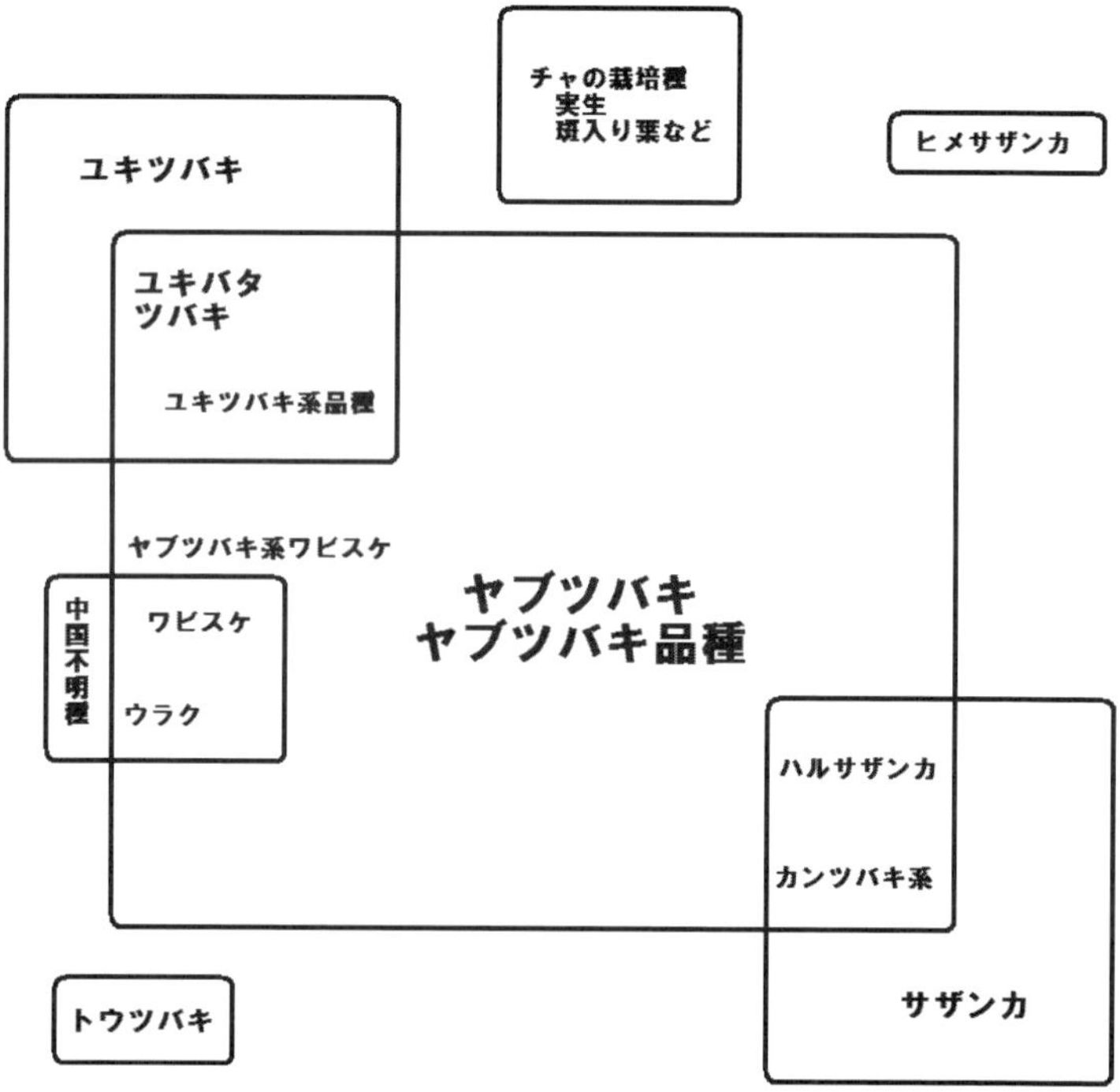


**図 9**　ヤブツバキを中心としたツバキ属の種間交雑（明治期まで）

筆者作成.

かつては、冬に向けて寒風のなかで、垣根や庭先に咲き、吹き始めた木枯らしではらはらと花びらを散らすというイメージだったサザンカが、今は花が一気に華やかになって、冬枯れの季節にもう一度、華やかさを取り戻す材料に変身してきたようです。

## 多様なサザンカ

最後に園芸サザンカの写真とハルサザンカとカンツバキの写真を、いくつかご紹介します(写真11)。カバー折り返しにもカラー写真を掲載しました。狭義のサザンカの仲間は、八重ではなく、花の中心に雄蕊がひろがります。これらは野生のサザンカに色がついたものだと思ってください。番付の横綱格は〝東雲〟で、こういうものも含めて、江戸時代までのサザンカは、ほとんどが一重か二重くらいです。

次に、江戸時代の途中からツバキの血が入ったハルサザンカが生まれてきます。〝凱旋〟はシーボルトの絵に出てくる紅花サザンカと考えられ、古くからあるハルサザンカで、これらを基にして、さ

**写真 11　多様なサザンカ**
上から“東雲”, “凱旋”, “笑顔”, “獅子頭”, “富士の峰”“BEATRICE EMILY”.
カバー折り返しのカラー写真も参照.

らにツバキの血が濃くなると、ツバキ型のハルサザンカが生まれます。〝笑顔〟という名で今盛んに全国で売られている品種も、ツバキに近いハルサザンカです。

カンツバキは、八重咲きサザンカの基だと思ってください。これはサザンカとも容易にかかりますし、種《たね》をまくといろんな八重の花が出てきます。なかには白花も出てきます。もとになった〝獅子頭〟という八重の品種は推定樹齢が２００年ぐらいの大樹が三重県にあります。〝富士の峰〟もカンツバキの血が入った八重の白花サザンカです。八重咲きサザンカの多くは、昭和30年代以降に全国に広がりました。

アメリカやオーストラリアなどに渡って生まれたサザンカ（多くはカンツバキ系）もあります。〝ベティ・パトリシア〟や〝ベアトリス・エミリー〟のような女性名がついています。このように外国では花に人名をつけ、日本ではあまり人の名前はつけなかったのですが、最近では日本生まれの園芸種名にも人の名前を使う人が増えてきて、日本の品種名も少しずつ西洋化してきたようです。

# 第Ⅲ部　植物園の意義

設立時のくらしの植物苑

# 10　植物を観賞に供する文化の誕生と発達

大場　秀章

今日は人と植物の文化史をテーマにした講演会です。ヒトと植物とのかかわりは、おそらく人類誕生以前から始まっていて、ヒトがヒトとして独立していく過程でも植物は、生活に必須な重要なものだったはずです。そのなかで植物を観賞するという文化は、いったいヒトがいくつかの系統に分化していく段階以前にすでにあったものか、分化して以降に育まれてきたものなのか、たいへん気になるところです。たとえば亡くなったとき、遺体に花を手向けるのは文化的な行為です。これは、ヒトが誕生した後、複数の系統に分かれていった際に、一部のグループで独自に発生した現象なのか、それとも系統に分かれていく以前に誕生し、共有されていたものなのか、私には気になります。しかし、充分なデータや資料がありませんので、今日はこの問題にはふれません。

## 人と植物のかかわりの始まりと薬草

今日私がお話したいことは、今日の植物園に通じる多様な植物の栽培の来歴です。ヒトは植物を食べるだけでなく、衣類とし、住居造りにも利用し、燃料としても活用しました。しかし、このような利用に供された植物の種の数はかなり限定的です。さまざまな植物のグループにまたがる多様な植物を利用する、という意味では薬としての利用の右に出るものはないでしょう。薬としての植物の利用が今日の言葉でいう、植物の多様性の発見に通じたといえます。多様性がヒトの生存にとって欠かせないことは多くの分野で指摘されています。その多様性を多くの人々に提示し、教育、研究する場となるのは植物園です。

植物園の誕生には植物の薬草としての利用が大きく関与しています。そこで初めに薬草の利用や栽培を歴史的に通覧してみることにします。

## 中庭は薬草の栽培に利用された

ヒトは各地に拡散していく過程で、ときには土地や獲物などを巡る激しい闘争を経験しました。当然敵から護る方策も講じられます。兵士を含め大半の人たちは邸宅とか屋敷などに、集まって暮したものと考えられます。日本でもそうだったと想像されます。今でもこのような〝お屋敷〟を統率する人物のことを、殿《との》、お館《やかた》、奥（方、様）、などといいます。つまり、建物全体あるいはその一部を統率する責任者の称号に、建物そのものの名称が用いられています。これらの言葉が生まれた当初、集落や家を外敵から護ることに奮迅していた時代があったことが偲ばれます。

その家・屋敷自体も外側に強固な壁面を造り、それを壁の一部として建物を建てます。城内や屋敷内には広い空間が生まれます。とくに大きな邸宅では、その周囲に厚い壁を廻らしていました。分厚い外壁に沿って連立する建物に囲まれた内側の空間は、ラテン語で hortus（ホルトゥス）と呼ばれました。このホルトゥスとは日本語でいう中庭のことで、そこに住む人たちにより、邸宅の外部に設けた畑地で作るのとは別系統の植物を栽培する場所として主に利用されました。

この中庭での植物の栽培のことを、英語ではホルティカルチャー（horticulture）と呼びました。場所を指す先のホルトゥスと栽培あるいは耕すを意味するカルチャー（culture）の語を結びつけた合成語です。horticulture の語を私たちは園芸と訳しています。このように園芸とは、語源的にいえば、中庭における植物栽培だということができます。屋敷の中庭だけでなく、城館内に設けられる大空間、さらには図1のような単に塀や垣で囲まれただけの空間をも含めて、そこでの植物栽培が歴史的に園芸の範疇に入るものと認識されています。

**図1　編垣で囲われた中世の薬草園**

Petrus Crescentius, Opus ruralium commodorum, 1305 年頃による.

## 最初の園芸植物は薬草だった

ヨーロッパにおいて中庭で最初に栽培された植物は何だったのか。興味深いものがありますが、それは広い意味での薬草でした。最初にも申し上げたように、ヨーロッパ、とくに地中海地域は、多くの異民族が暮らすだけでなく、その東方地域では異民族や部族間の対立が頻繁に繰り返され、戦闘も頻発していた地域です。当然、そうした戦闘があれば、怪我を負う人も多く出る。そうでなくとも、衛生状態の悪い当時は、下痢や嘔吐、さらには流行性の疫病も後を絶たなかったと想像されます。19世紀にいたり近代医学が誕生しますが、それに先立つ千年以上も前の時代です。怪我を負ったり病気になった人の治療方法にも、現代に通じる医学的な方法だけでなく、呪術、祈祷、妖術などさまざまなものがありました。そのなかでもっとも効果的な治療法として認識が次第に高まっていったのが、植物を中心とした生物や鉱物から採取した薬物を処方する医学的な方法でした。

少なくともヨーロッパでの中庭は当初、病気治療などのために欠かせない薬草を栽培する重要な場所としての役割を担っていました。医者もいましたが、植物そのものを薬としていたので、主だった薬になる植物、すなわち薬草は、野外から採取されるだけでなく、中庭で栽培されたのです。

西暦27年のローマ帝国の成立ころは休む間もなく戦争が続き、中庭で栽培された薬草は兵士らの負傷や咬傷、腸炎などに役立ちました。薬として役に立つ植物と役立たない植物の違いや特徴を明らかにする、東アジアの言葉でいえば本草学者が大いに貢献しました。

## ディオスクリデスと『薬物誌』

ここでは詳しく触れることはしませんが、代表的な人物はディオスクリデス（ディオスコリデスとも）です。紀元1世紀に現在のトルコのキリキア地方のアナザルバに生まれ、長じてはローマの軍団に所属し、繰り返される転戦で、当時としては広い範囲の諸地域を旅して、薬草を探し、薬草についての知識を深めたといわれています。ディオスクリデスは、紀元1世紀に、日本では『薬物誌』と訳される、マテリア・メディカ（De materia medica）を著したといわれています。原本は失われてしまいましたが、複数の稿本、さらにはそれらの稿本からの二次的な写本類が作成されました。

その一つに、トルコのコンスタンティノープル（現在のイスタンブール）でみつかり、今はウィーンの国立図書館で保管される「ウィーン稿本」と呼ばれる稿本があります。西暦５１２年頃に作成されたと推定されるものです。図２は、同書に掲載されたケシの図解です。図３はヒマの図解です。外見からケシであるとの想像がつきますが、細部を検討してみるとこの植物の特徴が余すところなく描かれていることがわかります。今日からおよそ２０００年前に描かれた、こういう植物画に接すると、野生の植物のなかからこうした画像に拠ってヨーロッパに50種以上あるケシの仲間を見出し、さらにそのなかから薬効のあるケシそのものを特定し、薬として処方していったというプロセスを髣髴とさせてくれます。

　ディオスクリデスが『薬物誌』でこのケシについて書いたことを要約すると（表1）、Mekon（ケシのこと）と呼ばれる植物は、催眠効果があり、炎症・丹毒に効果があると書いています。ケシといえば、これから抽出されるモルヒネは強い鎮痛作用をもつことで有名ですが、ディオスクリデスもその効果

**図 2　6 世紀に描かれたケシの図**

著名なディオスクリデス『薬物誌』（1 世紀に作成されたと推定される）の稿本のひとつで，512 年頃には完成していたと推定されるウィーン稿本（Dioscurides, Codex Vindoboenensis）による．

**表 1　ディオスクリデスがあげるケシ（Mekon）の効果と薬としての利用法**

| | |
|---|---|
| 催眠効果 | → 葉と蒴果を水煮して温湿布 |
| 炎症・丹毒 | → 蒴果を細砕し，ハップ剤 |
| 緩和舐剤（咳や気管のカタル性疾患／腹部の 諸疾患） | |
| | → 蒴果を水で半量になるまで煮つめ，粘りがでるまで蜂蜜と煮る |
| 鎮痛作用（多量に服用すると昏睡や死を招く） | |

を指摘し処方を示しています。たぶん、どこかが強烈に痛いという患者にはケシすなわちアヘンを用いて治療したものと想像されます。

ディオスクリデスの『薬物誌』の図解は、当時としては正確で信頼性も高い医学書との評価を得ていたのでしょう。それがおびただしい数の稿本や写本を生んだ理由といえます。稿本や写本は誕生から千年近くも経た西暦１０００年ぐらいまで作られていたことが、残された写本などからわかります。

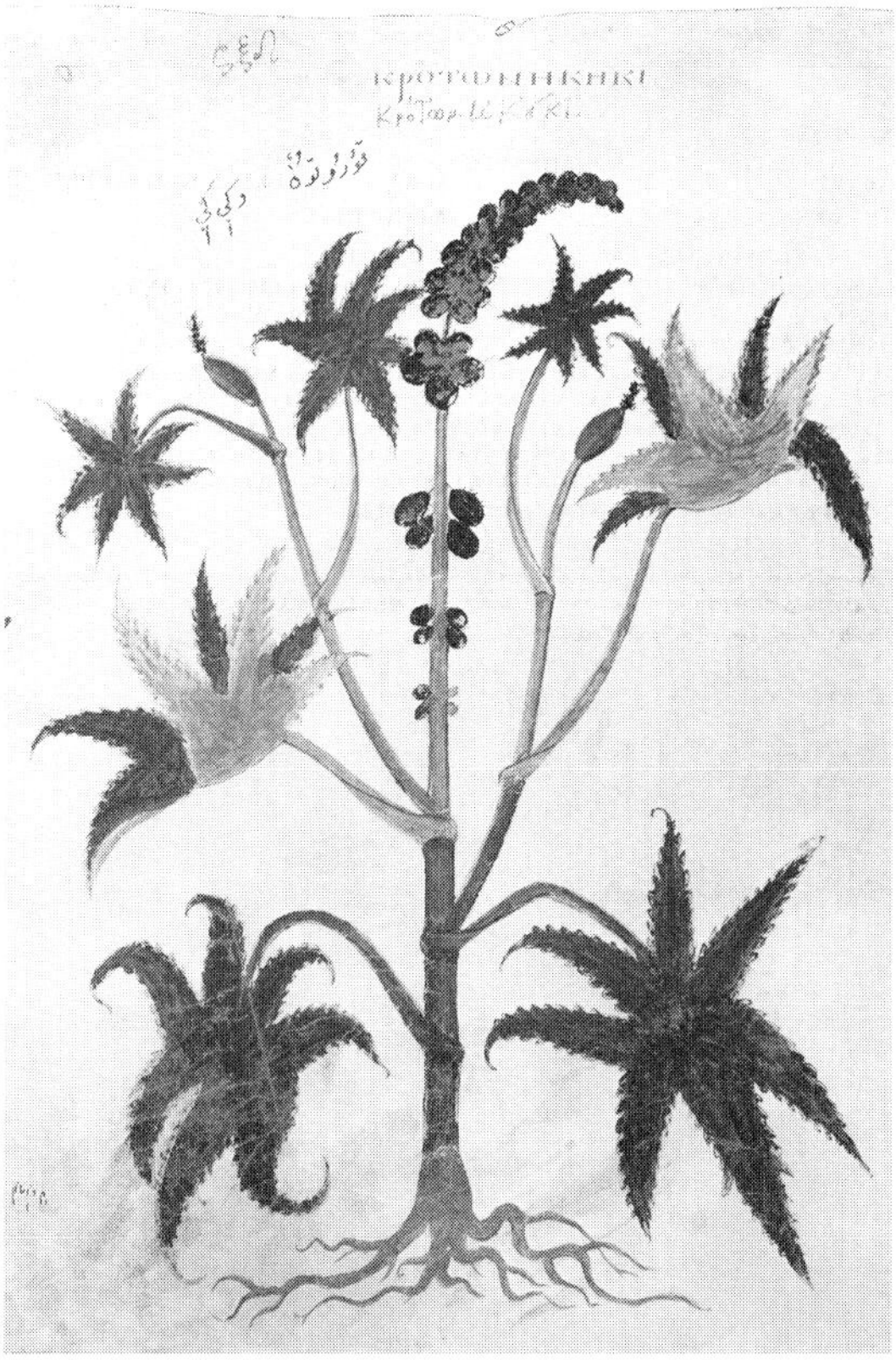

**図 3　6 世紀に描かれたヒマの図**
ディオスクリデス『薬物誌』ウィーン稿本
（Dioscurides, Codex Vindoboenensis）による．

年代を異にした稿本をみてみましょう。図4はシダ類のチャセンシダやヒメウラジロの一種を描いた7世紀の「ナポリ稿本」に載る図解です。2つの図解を比べると、512年頃の図解の方が一目して精巧であることがわかります。7世紀の「ナポリ稿本」の図解は、「ウィーン稿本」には精度では劣りますが、それでも描かれた植物がチャセンシダとヒメウラジロの仲間の植物であるとは容易に想像がつきます。しかし、この本を野外に持参して、あるいは野外で採取した植物が何かを室内で分別するのはかなり難しいといわねばなりません。

普通、正確さとか精度は、時代とともに高まっていくと考えられていますが、この場合は時代とともに明らかに精度が下がっていきます。それは何を意味してるかは興味深い問題です。

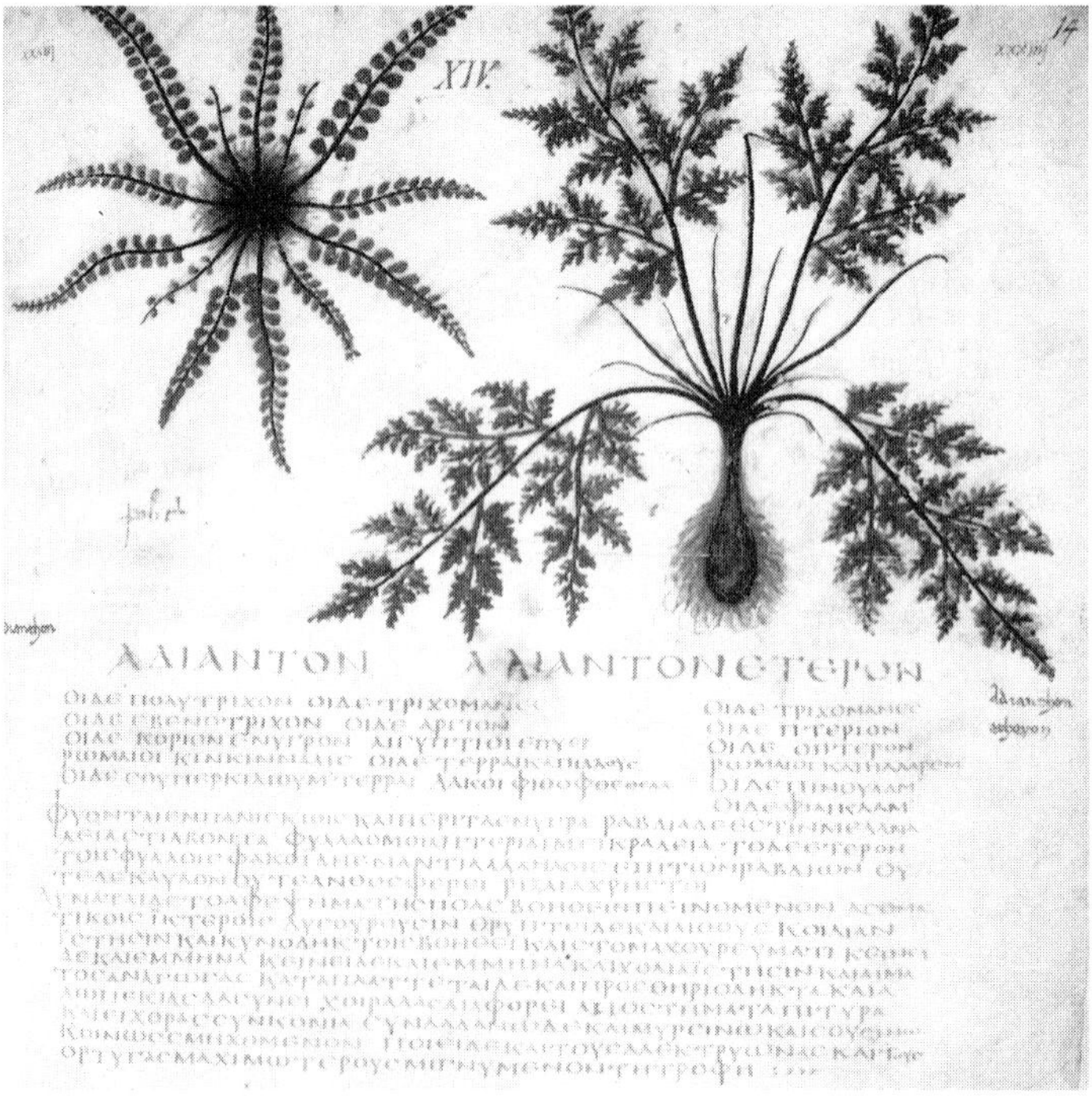

**図4　7世紀に描かれたシダ類，チャセンシダ（左）とヒメウラジロの1種（右）の図**

ナポリ稿本と呼ばれるディオスクリデス『薬物誌』の稿本（Dioscurides, Codex Neapolitanus）による．

## 実物から乖離する植物図解

実際の図解をさらに検討してみましょう。図５に示したのは、１１２０年頃に作成されたアプレイウス・プラトニクス（Apuleius Platonicus：偽アプレイウスともいう）の『本草譜』のアングロ・ノルマン語の写本の図解です。３種の植物が描かれていて、左上はツルボラン（ツルボラン科）、左下はスイバ（タデ科）、右のケンタウロスが手にするのは、その植物名にもなったケンタウリウム

**図５　12 世紀に描かれた植物図**

アプレイウス・プラトニクス（偽アプレイウス）『本草譜』のアングロ・ノルマン語写本（Apuleius Platonicus [Pseudo-Apuleius], Herbarium. Anglo-Saxon Codex，1120 年頃）による．

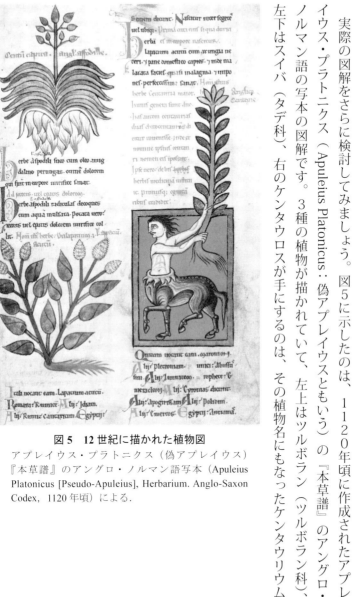

（ベニバナセンブリ属、リンドウ科）だと推測されていますが、図解はそれぞれの植物の特徴がほとんど描かれておらず、野外でこれらの植物を探し出すのに役立ったとは考えられません。写実性は皆無に近いものといえるでしょう。

続く例はテンナンショウにも似たところのあるサトイモ科の多年草、ドラクンクルス・ウルガリス（*Dracunculus vulgaris*）です（図6）。このドラクンクルスの図解は1300年頃に作成されたCirca Instans（『症例集』、薬草ごとに適応症状が記述された書）にあるものですが、これをディオスクリデスの『薬物誌』の「ウィーン稿本」や「ナポリ稿本」の図解と比べてみると、ディオスクリデスの「ウィーン稿本」にあるドラクンクルス・ウルガリスの図解は、実際の植物を観察したらしい、リアリティのかなり高い図解になっているのに較べて、『症例集』の図6は、輪郭の表出からして描き方はいいかげんで、茎にはヘビが絡まりついています。

日本でもテンナンショウにマムシグサという別名があります。なぜマムシグサというかといえば、茎の縞模様がヘビの皮膚に似ているためです。ドラクンクルスのヘビも、茎の縞模様をヘビを描くこ

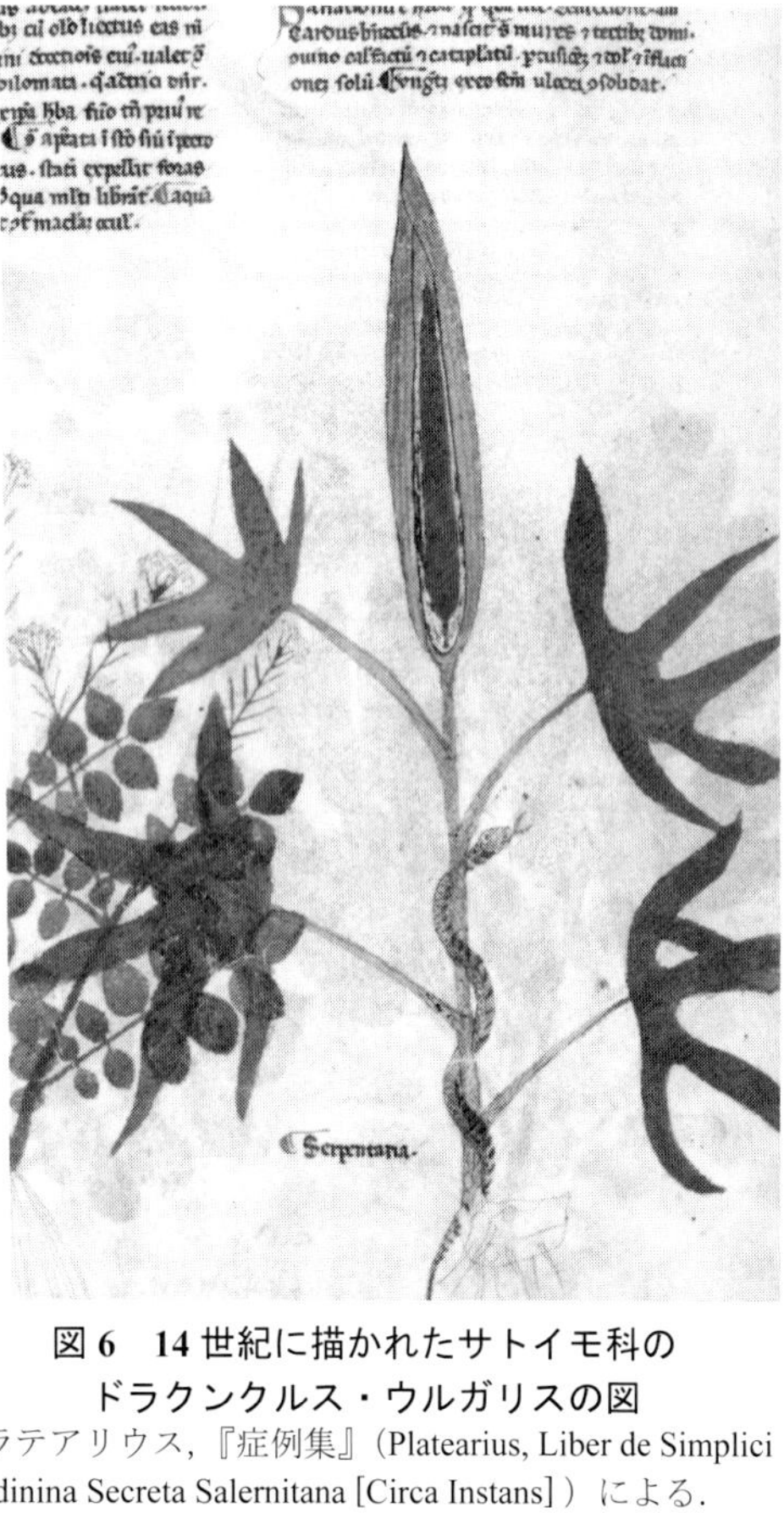


**図6　14世紀に描かれたサトイモ科のドラクンクルス・ウルガリスの図**
プラテアリウス,『症例集』（Platearius, Liber de Simplici Medinina Secreta Salernitana [Circa Instans]）による.

とで隠喩的に示したのかもしれません。さらに、症状を比較してみると、ディオスクリデスはこの植物がいろんな病気にたいして効果があり、その処方をケシの例でみたように具体的に記述しています。私は医者ではないので、それが正しいかどうか判断できませんが、記述は実際に治療に使った人でなければ書けないのではないかと、思わせるところがあります。これに対して『症例集』の処方はディオスクリデスのそれとは大きく異なっています。用例でも、腫れ物の治療はまだしも、媚薬とか催眠剤であるとか、ディオスクリデス時代の病気治療の範囲を逸脱している部分が多々あります。

さらに一部の薬草では、治療の範囲を逸脱し、今日の美容整形的な処方も書かれています。時代とともに図解の質が下がってくるだけでなく、時代背景、なによりも医療環境そのものにも変化があったのです。キリスト教を国教とし、それがすべてに優越するローマ帝国の最後の残照であった西ローマ帝国も476年に滅亡します。世界史の時代区分では中世と呼ばれる時代になり、その開幕とともに戦闘そのものが減り、薬草の需要も低下した可能性はあります。しかし、それ以上に大きかったのは、医者が自ら薬草探索に出かけることがなくなったことです。根切り人と呼ばれる採薬人が必要な薬草を採取して医者に届けるようになったのです。採薬人は薬草を熟知し、本の図解など見ることなく、薬草を採取できたといわれています。

一方、採薬の必要がなくなった医者は、知識を蓄えるために医学書の読書に励みますが、薬草に関連した物語や逸話、あるいは幻夢的な物語などにも関心を広げていったのでした。

## 薬草園の誕生

薬には常に備えておくべきだと認識されている常備薬があります。日本でもそれはあって、つい最近までであって、東京など関東地方では主に越中（富山）産の風邪薬や、下剤、整腸薬など一式が毎年各家庭に届けられ、回収時に使用分の薬代を徴収するしくみになっていました。近くに薬局がないようなところでは重宝されたものです。とくに地中海地域など、ヨーロッパではこれに似て、どの邸宅でも基本的には類似の薬草を栽培していたものと考えられます。大半の邸宅の中庭は13世紀に到ってもなお、主に薬草栽培に利用されていた、と推測されます。しかし、戦さが減り、また規模も小さなものになれば、戦傷用の薬草の需要も減ります。

こうした時代的背景のなかで、各邸宅で同じような薬草を栽培するのではなく、何処か一カ所に薬草を集約して栽培し、そこで治療も同時行うような試みが始まったのです。修道院に加えて当時すでに誕生していた大学が薬草の集約栽培の中心の場になりました。16世紀中ごろのことで、たとえばイタリアのパドヴァ大学には、1545年7月に世界最古の大学植物園の一つとされる薬草園が開設されました（写真1）。

それまで邸宅の中庭で個別に栽培されていた、病気治療に役立つ植物を一カ所に集めることを通して、大学の薬草園などでの薬草の研究を萌芽させることになります。研究を通して、外形はよく似ている植

**写真1　世界最古の大学付置の植物園であるイタリアのパドヴァ大学植物園**

1545年に設立され，当初は薬草園だった．写真はオリジナル・レイアウトが残る中央部分で，円形状プロットは全世界を象徴して造られたモニュメント．著者撮影．

物ではあっても、薬としての効果をもたない、つまり薬効のない植物もあることもわかってきます。薬効を調べるために、それまでは薬草とは見做されていなかった植物も集めることも必要になります。薬草になる植物を植える園圃が薬草園でしたが、薬になるかならないかにかかわりなく、いろいろな植物を植えて栽培する。それはもう薬草園の範疇を超えたものになります。やがて、大学を中心とした「薬草園」は、「植物園」へと名称を変えていきました。パドヴァ大学も例外ではなかったのです。

続々と集った薬草は、やがて比較研究などを通して、似て非なる薬効がないものや、一層効果的な薬効をもつものの存在を明らかにしたり、それらの区別点を明らかにするなどの研究である薬学を発展させ、さらに後には植物学が誕生し、発展していきます。

## 薬草栽培から開放された中庭

一方、中庭は長い間行われてきた薬草の栽培から解き放たれます。薬草栽培に代わってどのように利用されたか、興味深いものがあります。というのも今日の私たちからすれば、中庭に限らず庭といえばまず観賞に向く植物を栽培するのではと考えるからです。しかし、ヨーロッパでは直ちに観賞用植物への栽培へとシフトすることにはならなかったのです。

多くの薬草を必要とした医学そのものが、それまでの病気の治療一本槍ではなくなり、病気にならないための予防にも力を入れるように変わったのでした。アラビア医学の影響を受けたイタリア南部のサレルノにある医学院がそうした病気にならないための生活、すなわち「健康生活維持に貢献する医学」の中心となり、後世の医学にも大きな影響を及ぼします。従来は治療用薬草の一部として栽培されていた香草（ハーブ）や香辛料（スパイス）が健康生活維持のために重要であるとの認識が広がっていきます。

開放された中庭で栽培される植物の多くが、この病気にならないための健康生活を維持するのに欠かせない、ヒソップ、マジョラム、ローズマリー、スターチス、セージ、ディル、クロタネソウ（*Nigella sativa*）などのハーブやスパイス、それにリンゴやザクロなど果樹類などにかわりました。やがて生食できる野菜、つまりサラダ用野菜がこれに加わります。

観賞に供される植物といえば代表は花卉《かき》類ですが、当時のヨーロッパには観賞に供する花卉の種類は多くはなかったことも無関係ではないかもしれません。地中海地域を中心に球根や地下茎で越冬し、春に開花するスイセンやアネモネ、ナデシコの類など、まったくなかったわけではありませんが、多様性に欠けていたのです。ヤブイチゴの一種（*Fragaria moschata*）はイチゴに似た果実がなり、俗にノイチゴと称される植物です（図7）。このヤブイチゴは、図解から果実を食するだけではなくて、果実そして花も観賞の対象として当時の人々に愛好されたことが想像されます。

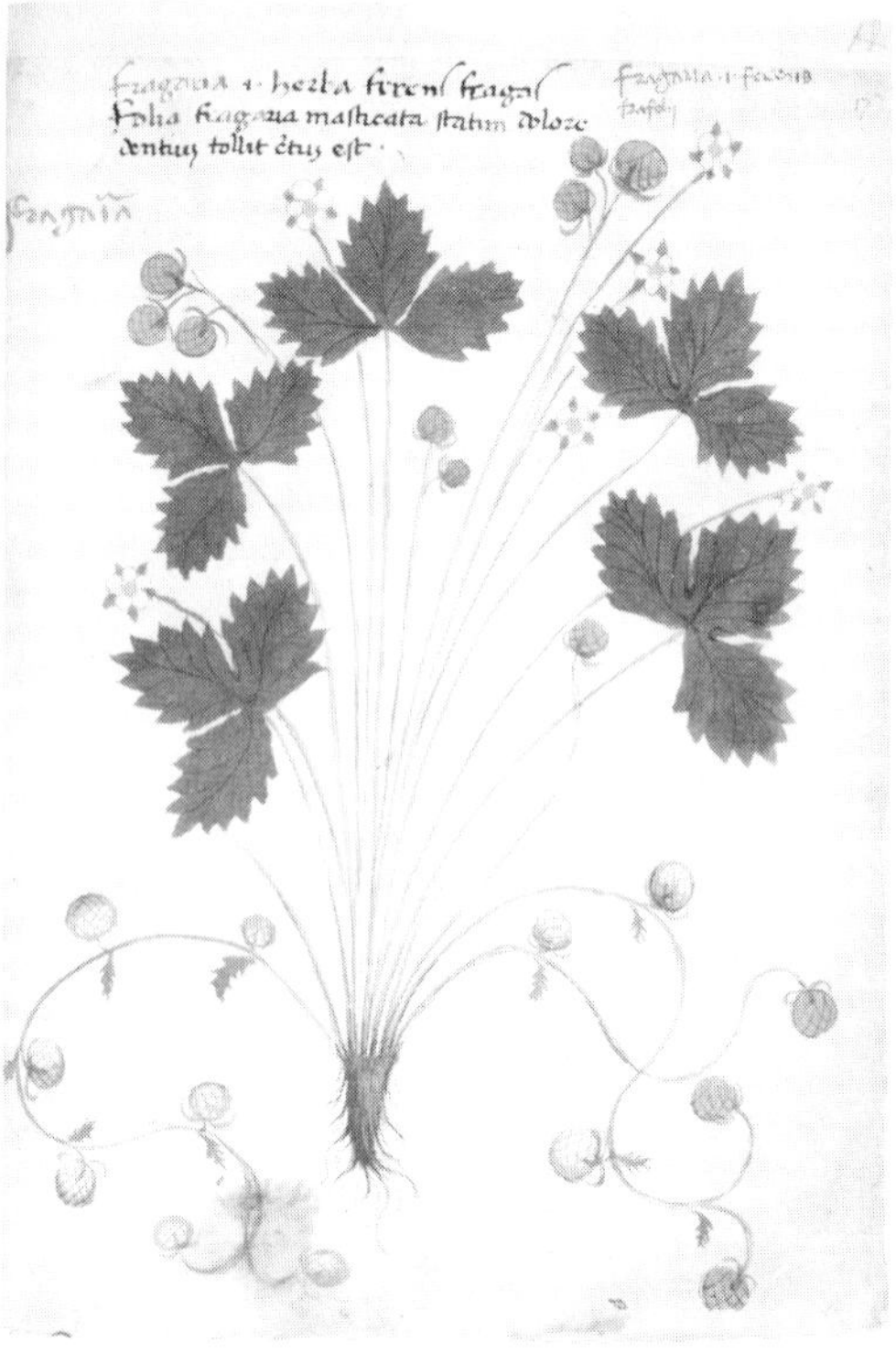

**図7　15世紀初期に描かれたヤブイチゴの1種（*Fragaria moschata*）の図**

ヴェネチァ・アルプスに産する薬草を描いたイタリア語による『ベルノ本草書』（Belluno Herbal）による.

西暦1485年に描かれたとされる、『薔薇物語』の写本中の「悦楽の庭園」（図8）は、庭園の発

**図 8　15 世紀に描かれた「悦楽の庭園」**

13 世紀フランスの寓意物語にもとづいて描かれた『薔薇物語』（Flemish edition of Guillaume de Lorris et Jean de Meun, Le roman de la rose, 1485 年）による．

展を考えるうえで重要な意味をもっていると私は考えています。壁が囲う空間はいうまでもなくそこが庭であることを示していますが、もはやそこには目立つ薬草はなく、バラが取り囲み、リンゴ、マルメロらしい果樹などが植えられ、園内では人々が愛を語らっている、という構図です。いわば宮廷風恋愛の場としての愛の園といった趣きです。もちろん15世紀当時のヨーロッパにこうした庭園が実際に存在したとは思えません。当時の上流階級の人々の求める庭園像だったのです。このような庭園像の実現に向けて庭園の改革は進んだといえます。薬草が駆逐され、ハーブ園も部分的存在となり、庭園は花の見事な花木と果樹、そして花卉が、栽培される植物の中心へと変化していくのです。

庭からの薬草消滅と相関するのが、薬局の登場です。図9は15世紀のイタリアのイッソーニェ城（アオスタ州）の壁画に描かれた薬局の図です。日常生活に欠かせない、薬草だけでなく、軟膏やクリームなどもそこで購入できたのです。

**図9　15世紀に描かれた薬局**

イタリア，イッソーニェ城の壁画による．M. B. Freeman, Herbs for the Mediaeval Household for cooking, healing and divers uses [遠山茂樹訳，西洋中世ハーブ事典，八坂書房，2009年] による．

## 花卉園芸の勃興

もう少し時代が下ります。オランダのライデン大学出身のクルシウス（写真2、Carolus Clusius：1526～1609年）は、ウィーンのハプスブルク家に雇われ、ウィーンの宮殿薬草園で勤務します。マクシミリアン2世が退位するときに失職し、ライデンに戻り大学の教授になりました。そのときにウィーンからチューリップの球根を持ち帰ります。そのチューリップを大学の植物園に植えます。写真3はクルシウスがチューリップを栽培した当時を復元した、ライデン大学植物園です。

**写真2　ライデン大学に植物園を創設したクルシウス**

Carolus Clusius, 1526-1609年．クルシウスによって，西ヨーロッパで最初のチューリップが同植物園で栽培された．著者撮影．

**写真3　ライデン大学植物園創設当時を復元したクルシウス園**

1590年の創立から400年を記念して1990年に再現された．著者撮影．

クルシウスのチューリップこそ、西ヨーロッパで初めて開花したチューリップとなったのです。クルシウスは学者ながら、観賞用園芸の普及にも貢献しました。彼は貴重な植物は盗まれてこそ広がるという信念を抱いていて、わざと盗まれやすいような場所に盗んではいけないと注記したうえで、チューリップを植えて、それが盗まれ広がっていくことを期待していたわけです。見事にチューリップは盗まれて、たちどころに広まり、しかもその球根が同じ重さの銀と取引されるという、投機的な

**図 10　フレンチ・マリーゴールドの栽培品種**

ジョン・パーキンソン（John Parkinson）『地上の楽園』（Paradisi in sole: Paradisus terrestris, 1629 年）による.

植物になり、いやがうえにも人々の関心を集めました。球根を手に入れるため工場を売った人なども出る始末でした。

クルシウス以外の植物学者も、ヨーロッパの人々に観賞に値する植物を供給し、その結果、観賞用植物のメニューが格段に増えていきました。また、数が増加するだけでなく、高まる観賞用植物への関心に、野生種を改良し、より大きく目立つ花や八重咲きの花をもつ個体を選抜するなど、育種的な改良を加える業者も現れてきました（図10、11）。

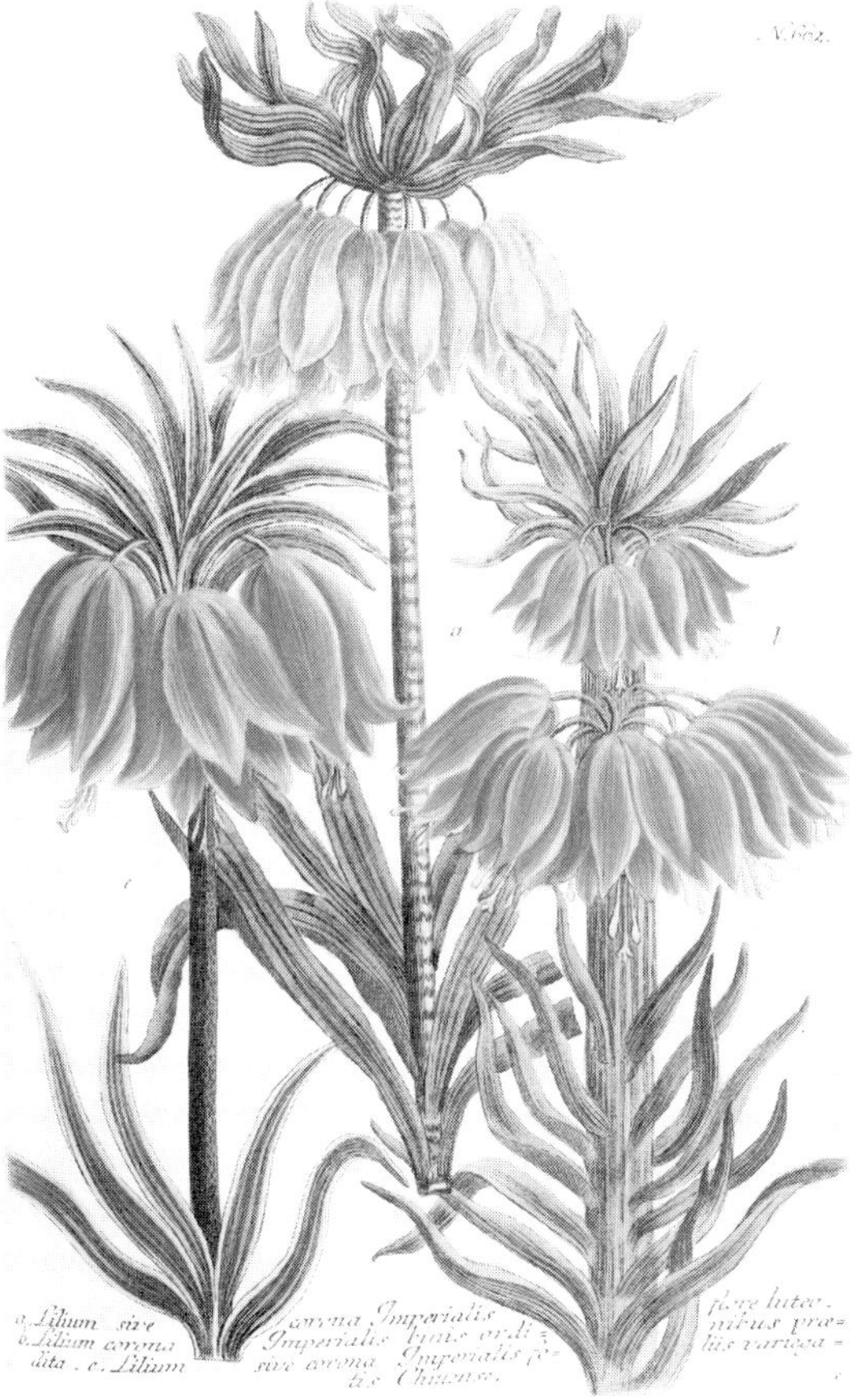

**図 11　ヨウラクユリ他**
バシリウス・ベスラー『アイヒシュタット庭園植物誌』（Basilius Besler, Hortus Eystettensis, 1613 年）による．

## リンネと分類花壇の登場

18世紀のヨーロッパは、発展を遂げる遠洋航海によってヨーロッパ大陸の外部からヨーロッパに持ち込まれる植物が増え、従来の植物学の常識ではそれらの名称を定めたり、大学や植物園では標本や生きた植物を植えつける位置を定めることが困難になっていました。植物学の父とも分類学の父とも呼ばれるリンネ（Carl Linnaeus：1707〜1778年）はこの状況下に、単にヨーロッパの植物だけでなく世界の植物を対象にした植物の分類方法を考案しました。

リンネはまず種の命名のしかたを定めます。あたかも兄弟や身近な新族が同じ苗字をもっているように、たとえ実際の名前がそうなっていなくても植物学上の名称として、類似した植物にはすべてこの苗字に当たる共通の名（これを属名と呼んだ）を与え、それぞれの種には個人名に当たる語（形容語）を与えて、すべての植物に2つの語からなる学問上の名前（学名）を与える提案を行い、これを実践しました。

例をあげましょう。ツバキ、サザンカ、チャノキという名称だけからは、これらの植物が兄弟といえるほど類似した植物であることはわかりません。これらを同じ仲間の植物と認定し、*Camellia*（ツバキ属）と呼び、それぞれの種は *Camellia japonica, Camellia sasanqua, Camellia sinensis* のように書き表せば、名前からもそれぞれが類似性の高い同じ *Camellia*（ツバキ属）の仲間の植物であることがわかります。

これが、リンネが提案した命名法でした。また、リンネの命名法によって名づけられた名称が、私たちが使ってる学名となりました。ツバキでいえば、属の名前の *Camellia* とその植物に固有の形容

語 *japonica*（「日本の」の意味）を組み合わせた2語から構成されるので、この命名法は2名法と呼ばれます。

写真4は、1655年頃のウプサラ（スウェーデン）の町に設けられたリンネ植物園です。24個の花壇が道の左右に並んでいます。パドヴァの薬草園やクルシウスの植物園と較べると一層理路整然としたつくりです。じつはリンネは先の2名法という学名の提案とともに、もう一つたいへん大きな貢献を植物学に残したのです。それは千をはるかに超える多数の植物種にたいする論理的に整合性のある位置づけでした。このためにリンネが行ったのは雄しべの数を主たる基準に24のグループに区分し、雌しべの特徴によってそれぞれのグループを細分するという体系化でした。これを性分類体系と呼びます。雄しべと雌しべが植物の生殖器官であることを述べ、これを基準に植物の体系化を試みたのでした。

リンネの植物園は、まさにこの24のグループ（これを綱といいます）に分類される植物を実際に植え育てて、同じ綱に分類される植物の類似性や、相異性を実際に提示したのでした。

**写真4　リンネが教授，学長を務めたスウェーデンのウプサラ大学植物園**

今日ではリンネを記念して，リンネ植物園と呼ばれている．1655年にオロス・ルドベック（Olaus Rudbeck）が創設した．著者撮影．

リンネの分類体系は瞬く間にヨーロッパを風靡し、各地の植物園に分類花壇が設けられていきました。時代はかなり下りますが、日本でも、このような花壇は分類花壇と呼ばれ、東京大学の小石川植物園を始め、多くの植物園に分類花壇が登場しました。植物相互の類似性と一つ一つの植物に見い出される相異性、すなわち多様性を学び、自分の目で確かめるという教育的効果こそは、現在の植物園に期待される重要な役割の一つです。

## 大温室：文化都市を象徴する植物園

しかし、リンネの創始した分類花壇は登場後、すぐには植物園の中心的な施設とはなりませんでした。薬草園から出発し、ハーブ園などを経て、18世紀後半から植物園は、都市の文化的成熟を示す施設の一つとして、博物館やホールと共に、大都市には欠かせない重要性が加えられました。植物園は多数の観賞用植物を集め､花の美を競う場となったのでした。また、温帯の国であるヨーロッパの人々にとって憧れの的である熱帯を象徴する植物であるヤシ類やバナナ、ソテツなどが栽培できるヤシ室とよぶ巨大な温室も競うように建設されていきます。

ヨーロッパでは日本語の温室に当たる施設が少なくとも2つはあります。その一つは、オランジェリーと呼ぶものです。もともとヨーロッパの気候、とくに冬は普通の植物が緑葉を保つには寒過ぎました。それでたとえばオレンジの仲間ですが、地中海地域以北のヨーロッパでは露地での冬越しは無理でした。そこで鉢植えにして、夏場は戸外で栽培し、冬彩光のよい部屋に入れて保護することで、辛うじて越冬させる方法が考え出されました。オレンジは冬に暖色系の橙黄色の果実を結び、濃い緑の葉との調和もよく、よく栽培されました。緑に乏しい冬場に彩光のよい部屋のオレンジの傍らでお茶を飲むのは、気分的にも爽快感があったのでしょう。冬に植物を寒さから護るために大きなガラスを嵌めた窓のある建物や部屋である、オランジェリーが多数登場しました。その名はオレンジから由来しています（写真5）。

やがてオランジェリーでは栽培が無理なより背丈も高い熱帯の大形植物も栽培できる大温室建設への欲望が高まっていきます。しかし、大きなガラス板を多数用いた大温室を支える強度をもつ鋼材は開発が遅れました。それが生産できるようになったのは、イギリスでいえばヴィクトリア朝で、鉄橋や鉄筋コンクリート造りの建物とともに、温室は近代を象徴する構築物の一つになりました。熱帯の多様な植物を栽培し、熱帯の植物の生態をも観察できる大温室は規模の大きな植物園の目玉となり、競って建設されていくのです。リヨン（写真6）やハプスブルグ家のシェーンブルン宮殿（写真7）などでは今も当時の見事な大温室をみることができます。

**写真5　近代のガラス張りの温室が誕生する前に考案されたオレンジ室（オランジェリー）**

大きな窓をもち，外光を取り込み，オレンジ（シトロン）やツバキなどの耐寒性に欠ける常緑性植物を室内で護り育てた．写真はフランス，パリのバガテル公園内のオランジェリーで，1865 年に建設された．著者撮影．

**写真 6**　高い樹高をもつヤシの植栽も可能な大温室（ヤシ室）を中央に，**3** 棟の温室からなる巨大温室

1857 年に誕生した．フランス，リヨン市立植物園．著者撮影．

**写真 7**　中央に壮大なヤシ温室を置く，**4** つの温室群で構成される巨大温室

ヤシ室を意味するパルメンハウス（Palmenhaus）と呼ばれている．1882 年に建設された．オーストリア，シェーンブルン宮殿植物園．著者撮影．

## 多様性の保全と学習の場としての植物園

こうした施設拡充の結果、植物園は単なる植栽を中心とした庭園あるいは花の見本園といった、どちらかといえば娯楽性の強い施設ではなく、植物についての研究と教育に役立つ側面を充実させた施設への転換を試みる動きがみられるようになりました。大温室にしても樹冠が観察できるような回廊を設けたり、栽培される植物も観賞用の栽培品種だけでなく、原種の野生種も植栽すること、栽培にあたっては自生地の生態が理解できるようにすることなどがこれに該当します。休日に訪れる子どもたちのための遊戯施設を廃して、学校の課外授業向けの区画を用意する植物園も多くなりました。

熱帯林伐採にともなう大量絶滅などを通して植物の多様性維持の重要さへの関心が高まりをみせています。植物における多様性の崩壊は、植物だけの問題に止まらず野生動物、強いては人類そのものの生存にとっても重大な脅威となることが声高に叫ばれています。多様性の保全は待ったなしですが、その重要性と実態を学習する場に植物園は最適な場として脚光を浴びています。

先ほどの講演で、語られたサクラソウについていえば、絶滅寸前のサクラソウを救済することの重要さは無論ですが、絶滅が孕む問題への理解を深める取り組みも蔑《ないがし》ろにはできません。間接的にせよ絶滅に人間が手を貸しているケースも少なくなく、実際に多くの人々が絶滅の問題を考え、行動を新たにする学習・発信の場としての植物園の機能充実が図られています。これが先進的植物園の状況といってよいと思います（図12）。

植物の植栽にも変化がみられます。従来であれば、園内に多数の花壇を設け、世界各地から集めた植物を、地域別や用途別あるいは仲間別などに集めて栽培するのが一般的でした。最近イギリスで目にした栽植は、類縁性の高い外形もよく似た類似した植物を意識的に隣り合わせに植え、見学者自身がどこが違うのかを、自分の目で個々検討し、その知識を自分のものにしていくことを意図したものでした。一見しただけでは同じにみえてしまう類似種の、どこが違うのかを見抜けないと多様性は理解できない、といえるでしょう。多様性の保全に貢献するためには、ひとりひとりが類似種の識別力を高めることが重要です。多様性を見分ける、トレーニングの場として、植物園ほど最適なところは他にあまりないでしょう。

本日のテーマの中心でもある歴史民俗博物館のくらしの植物苑も、植物園に期待される役割の変化に沿う充実が図られるべきだと私は考えます。暮らしにかかわる植物を集めて、理解を深めるという目的を担う植物園ではありますが、多様性への理解を深めることは目的にそぐわないことではありません。一例をあげれば、ツツジ科のスノキ属（*Vaccinium*）には日本だけ19もの種があり、かなり多様性の高い属です。しかし、それらのなかで暮らしに利用されているのは、ジャムなどの原

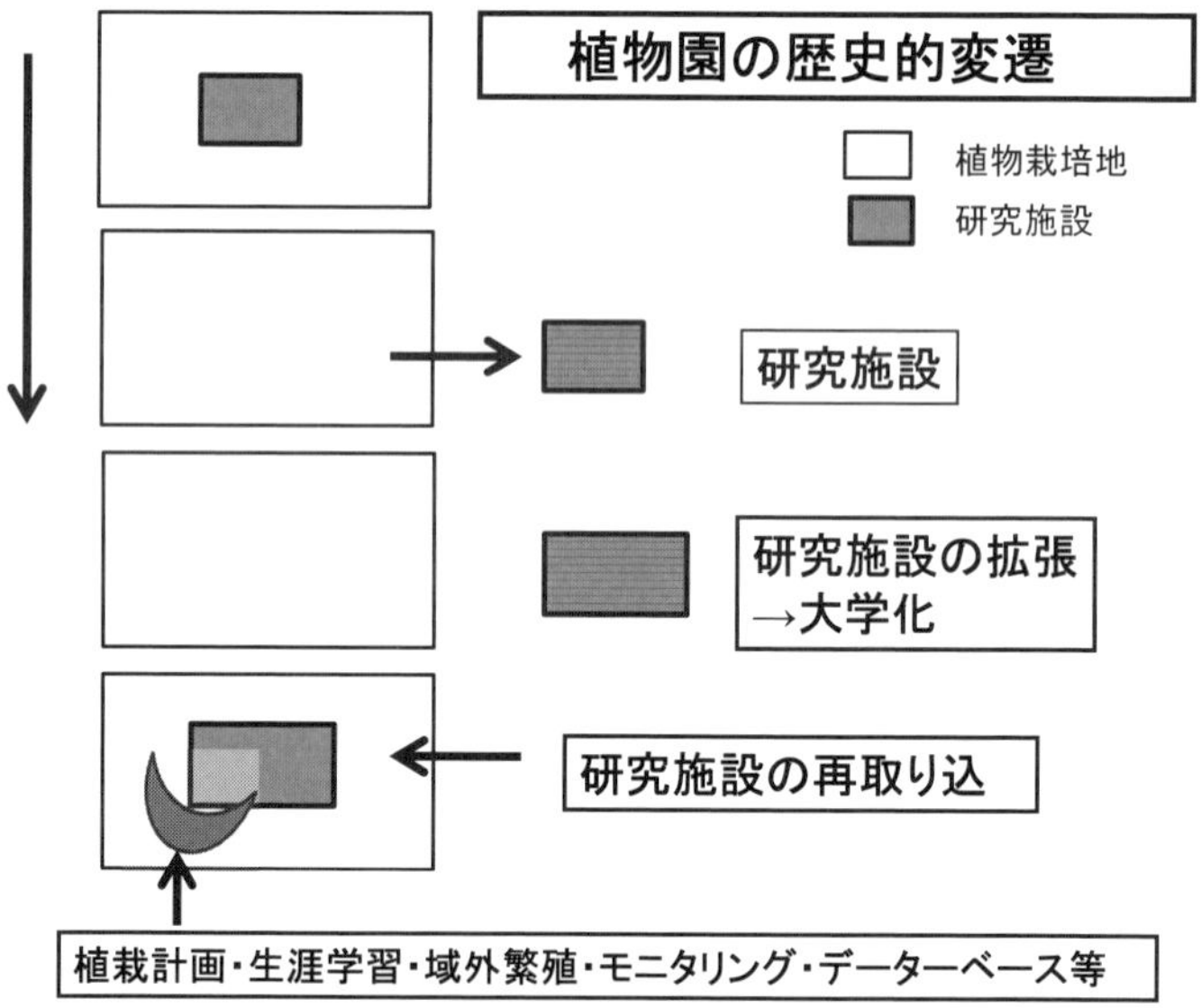


図 12　植物園と植物研究施設の設置場所についての歴史的変遷

料とされるクロマメノキ、コケモモ、一部地域で果実を生食するシャシャンボくらいです。これらの植物に加えて、クロウスゴやウスノキ、アクシバ、スノキなども隣り合わせで植栽するのはどうでしょう。それらの植物の相違点を自ら学ぶだけでなく、なぜ食用として利用されたのか、などについて考える機会になると思います。

他にも多様性の学習に役立つ試みはさまざまあるでしょう。くらしの植物苑がこの問題への取り組みに努め、一層充実した施設になることを願ってやみません。

### 参考文献

岩槻邦男（２００４）『日本の植物園』東京大学出版会
岩槻邦男（２００９）『生物多様性のいまを語る』研成社
岩槻邦男（２０１３）『新・植物とつきあう本』研成社
大場秀章（２００６）『大場秀章著作選Ｉ』八坂書房
小山鐵夫（１９９７）『植物園の話』アボック社
日高敏隆・白幡洋三郎（２００７）『人はなぜ花を愛でるのか』八坂書房
Fisher, Celia (2007) *The medieval flower book*. The British Library, London.
フリーマン（マーガレット・B.）著、遠山茂樹訳（２００９）『西洋中世ハーブ事典』八坂書房。原題 Margarete B. Freeman (1943) *Herbs for the Mediaeval household: For cooking, healing and divers uses*. The meteropolitan Museum of Art, New York.

タ行


ナ行


ハ行


マ行


ヤ行

## 植物名索引

# 事項索引

『　』は書名
植物名は別途「植物名索引」参照

**平野　恵**　ひらの　けい　第 6 章執筆

1965 年生．台東区立中央図書館郷土・資料調査室専門員．日本文化史，特に本草学史, 園芸文化史が専門．主要業績:『十九世紀日本の園芸文化』(単著) 思文閣出版, 2006 年,『ものと人間の文化史　温室』（単著）法政大学出版局, 2010 年,『浮世絵でめぐる江戸の花』（共著）誠文堂新光社，2013 年.

**澤田 和人**　さわだ かずと　第 7 章執筆

1973 年生．国立歴史民俗博物館・研究部・准教授，総合研究大学院大学・文化科学研究科・准教授．染織史，服飾史が専門．主要業績：図録『紅板締め－江戸から明治のランジェリー』（編著）国立歴史民俗博物館, 2011 年,『野村コレクション　服飾Ｉ』（単著）国立歴史民俗博物館，2013 年,『野村コレクション　服飾Ⅱ』（単著）国立歴史民俗博物館，2014 年.

**岩淵 令治**　いわぶち れいじ　第 8 章執筆

1966 年生．学習院女子大学・国際文化交流学部・教授．日本近世都市史が専門．主要業績：『江戸武家地の研究』（単著）塙書房，2004 年,『史跡で読む日本の歴史』9（編著）吉川弘文館, 2010 年,『「江戸」の発見と商品化』（編著）岩田書院，2014 年.

**箱田 直紀**　はこだ　なおとし　第 9 章執筆

1938 年生．恵泉女学園大学名誉教授．日本ツバキ協会会長．花卉園芸学が専門．主要業績：図録『冬の華サザンカ』（編著）国立歴史民俗博物館, 2001，2009 年,『よくわかる栽培 12 か月 ツバキ，サザンカ』（共著）日本放送出版協会, 2001 年,『最新日本ツバキ図鑑』（編著）誠文堂新光社, 2010 年.

**大場 秀章**　おおば ひであき　第 10 章執筆

1943 年生．東京大学名誉教授 , 同大総合研究博物館特招研究員 , 植物多様性・文化研究室代表．植物分類学 , 植物文化史が専門．主要業績：『大場秀章著作集』, I, II（単著）八坂書房，2006 年 ,『森を読む』（単著）岩波書店，2007 年 ,『植物文化人物事典』（編著）日外アソシエーツ，2007 年 ,『キュー王立植物園所蔵 イングリッシュ・ガーデン』（学術監修・共著）求龍堂，2014 年 ,『ナチュラリスト シーボルト』（編著）ウッズプレス，2016 年.

## 分担執筆者紹介

**辻　誠一郎**　つじ せいいちろう　第 1 章執筆

1952 年生．東京大学大学院新領域創成科学研究科教授．雑学が専門．主要業績：『百年・千年・万年後の日本の自然と人類』（分担執筆）古今書院，1987 年，『考古学と植物学』（編著）同成社，2000 年，『海をわたった華花－ヒョウタンからアサガオまで－』（編著）国立歴史民俗博物館，2004 年，『社会文化環境学の創る世界』（分担執筆）朝倉書店，2013 年．

**工藤 雄一郎**　くどう ゆういちろう　第 2 章執筆

1976 年生．国立歴史民俗博物館・研究部・准教授．専門分野：先史学，第四紀学，年代学．主要業績：『旧石器・縄文時代の環境文化史－高精度放射性炭素年代測定と考古学－』（単著）新泉社，2012 年，『ここまでわかった！縄文人の植物利用』（編著），新泉社，2014 年．

**日高　薫**　ひだか かおり　第 3 章執筆

1961 年生．国立歴史民俗博物館・研究部・教授，総合研究大学院大学・文化科学研究科・教授．専門分野：美術史．主要業績：『日本の美術』427 号『海を渡った日本漆器Ⅱ　18・19 世紀』（編著）至文堂，2001 年，『日本美術のことば案内』（単著）小学館，2003 年，『異国の表象　近世輸出漆器の創造力』（単著）ブリュッケ，2008 年．

**茂田井　宏**　もたい ひろし　第 4 章執筆

1939 年生．野田さくらそう会代表．浪華さくらそう会，日本さくらそう会にも所属．食品化学が専門．

**仁田坂 英二**　にたさか えいじ　第 5 章執筆

1962 年生．九州大学大学院理学研究院生物科学部門・講師．植物分子生物学，遺伝学が専門．主要業績：Genome sequence and analysis of the Japanese morning glory Ipomoea nil（共著），Nature Commun. 2016, 7:1329,『変化朝顔図鑑』（単著）化学同人，2014 年 ,『朝顔百科』（分担執筆）誠文堂新光社，2012 年．

編者紹介

**国立歴史民俗博物館**

https://www.rekihaku.ac.jp/
〒285-8502　千葉県佐倉市城内町 117
TEL　043-486-0123

**青木 隆浩**　あおき たかひろ

1970 年生．国立歴史民俗博物館・研究部・准教授，総合研究大学院大学・文化科学研究科・准教授．地理学，産業史が専門．主要業績：『近代酒造業の地域的展開』（単著）吉川弘文館，2003 年，『地域開発と文化資源』（編著）岩田書院，2013 年，図録『伝統の古典菊』（編著）国立歴史民俗博物館，2015 年．

| | |
|---|---|
| 書　名 | **人と植物の文化史**<br>**― くらしの植物苑がみせるもの ―** |
| コード | ISBN978-4-7722-7143-1 |
| 発行日 | 2017（平成 29）年 3 月 30 日　初版第 1 刷発行 |
| 編　者 | 国立歴史民俗博物館・青木隆浩 |

| | |
|---|---|
| 発行者 | 株式会社 古今書院　橋本寿資 |
| 印刷所 | 株式会社 理想社 |
| 製本所 | 渡邉製本 株式会社 |
| 発行所 | 古今書院　〒101-0062 東京都千代田区神田駿河台 2-10 |
| TEL/FAX | 03-3291-2757 / 03-3233-0303 |
| 振　替 | 00100-8-35340 |
| ホームページ | http://www.kokon.co.jp/　検印省略・Printed in Japan |